LA « GUERRE DES MOTS » DANS LE DOMAINE DE L'AVIATION À MADAGASCAR : ENJEUX LINGUISTIQUE ET IDENTITAIRE

Éric Noël HAJATIANA RAKOTOMALALA

Copyright © 2025 Éric Noël HAJATIANA RAKOTOMALALA

Aucune partie de cet ouvrage ne peut être reproduite, distribuée ou transmise sous quelque forme ou par quelque moyen que ce soit, y compris par photocopie, enregistrement ou autres procédés électroniques ou mécaniques, sans l'autorisation écrite préalable de l'éditeur et de l'auteur, à l'exception de brèves citations incorporées dans des comptes rendus critiques ou à d'autres fins non commerciales autorisées par la législation sur le droit d'auteur.

Éditeur: Upway Books
Auteur: Éric Noël HAJATIANA RAKOTOMALALA
Titre: LA « GUERRE DES MOTS » DANS LE DOMAINE DE L'AVIATION À MADAGASCAR : ENJEUX LINGUISTIQUE ET IDENTITAIRE
ISBN: 978-1-917916-77-6
Couverture réalisée sur Canva: www.canva.com

Cet ouvrage est un ouvrage de non-fiction. Les informations qu'il contient sont fondées sur les recherches, l'expérience et les connaissances de l'auteur au moment de la publication. L'éditeur et l'auteur ont déployé tous les efforts nécessaires pour garantir l'exactitude et la fiabilité des informations fournies, mais déclinent toute responsabilité en cas d'erreurs, d'omissions ou d'interprétations divergentes du contenu présenté. Cette publication n'a pas pour vocation de se substituer aux conseils ou consultations d'un professionnel qualifié. Les lecteurs sont encouragés à solliciter l'avis d'un spécialiste lorsque cela s'avère approprié.

contact@upwaybooks.com
www.upwaybooks.com

Préface — Aux origines d'une guerre silencieuse

Lorsque j'ai commencé à m'intéresser à l'histoire de l'aviation à Madagascar, je croyais étudier une aventure technique : celle des premiers vols de Jean Raoult, des grands raids et voyages aériens… Mais très vite, j'ai vu autre chose — une bataille de mots pour qualifier les appareils volants entre les Malgaches et les Français.

Dans la vie quotidienne, voir le trilinguisme (malgache, français, anglais) à Madagascar m'a fasciné et me fascine toujours. Pourquoi les Malgaches persistent-ils à utiliser le mot « roplanina » (*airplane* en anglais) pour qualifier un avion ? Pourquoi les Malgaches qualifient-ils de *seranam-piaramanidina* (port d'un véhicule volant) un aéroport, etc. ? C'est cette tension, à la fois linguistique, politique et identitaire, qui a donné naissance à ce livre.

D'ailleurs, ce livre est intéressant pour les trois points suivants :

- ➢ Une approche originale mêlant histoire, linguistique et aviation
- ➢ Une contribution à la sociolinguistique du savoir technique
- ➢ Une lecture qui éclaire l'histoire monarchique, la mémoire coloniale et l'identité aéronautique malgache.

Résumé

Cet ouvrage explore l'histoire méconnue de l'aéronautique à Madagascar à travers le prisme de la langue et du pouvoir. Loin de se limiter aux aspects techniques, il met en lumière la "guerre des mots" qui a débuté au XIXe entre trois langues : le malgache, le français et l'anglais, et qui a accompagné la colonisation : imposition du français comme langue technique et administrative, adaptation malgache des termes aéronautiques, et création d'un lexique hybride révélateur de stratégies d'appropriation culturelle.

L'ouvrage montre comment la langue devient un instrument de pouvoir et de mémoire. Il retrace l'histoire de la formation de la langue malgache au fil des siècles, caractérisée par la domination du parler merina au détriment des parlers régionaux, et la rencontre entre ce parler merina – devenu langue malgache officielle – et les deux autres langues exogènes. Il analyse également l'héritage postcolonial : la persistance de l'anglais, la domination du français et la malgachisation progressive du vocabulaire aéronautique, ouvrant une réflexion sur l'avenir de la langue malgache dans le contexte de la mondialisation.

Une histoire née d'un article

Ce travail prolonge un article que j'avais intitulé *La guerre des mots dans le domaine de l'aviation à Madagascar durant la colonisation française (1896-1960)*. Cet article n'était qu'une esquisse : une exploration des mots du ciel, de leurs origines européennes et de leurs détournements malgaches. Mais à mesure que je poursuivais mes recherches, je me suis rendu compte que cette "guerre" ne s'était jamais vraiment arrêtée.

Avant la colonisation française, la bataille a déjà commencé, mais entre trois langues : l'anglais, le français et le malgache. Durant la colonisation, elle a opposé le français et le malgache. Après l'indépendance, la bataille s'est déplacée entre les trois langues. Une continuité silencieuse née de la forte personnalité de ces trois langues se dégage. C'est cette continuité que ce livre cherche à raconter.

TABLE DES MATIERES

INTRODUCTION GENERALE 7
I – RESISTANCE DE LA LANGUE MALGACHE : CONFRONTATION ET HYBRIDATION LINGUISTIQUES 8
    I.2 – Résistance coloniale à travers la langue malgache 27
        I.2.1 – Résistance spontanée 27
        I.2.2 – Résistance passive 31
    I.3 – Hybridation et cohabitation linguistique 32
II. – PREOCCUPATIONS LINGUISTIQUES DE LA FRANCE METROPOLITAINE 38
    II.1 – L'appropriation de la langue malgache par les Français 38
        II.1.1 – Motivations de l'apprentissage 38
        II.1.2 – Attribution des noms aux appareils 41
        II.1.3 – Francisation et malgachisation de l'aviation 44
        II.1.4 – La traduction des vocabulaires de l'aviation 45
    II.2 – Linguistique et héroïsation 51
        II.2. 1 – Introduction du français à Madagascar : à la rencontre de l'anglais ... 51
        II.2. 2 – Discours et littérature 54
            II.2.2.1 – La vision du marin-aviateur Bernard 55
            II.2.2.2 – Les discours officiels 56
            II.2.2.3 – La presse coloniale et métropolitaine 58
            II.2.2.4 – La propagande aéronautique 58
    II.3 – Domination de la langue française 67
        II.3.1 – Aviation postale et identité coloniale française 68
        II.3.2 – Officialisation de la langue française à travers le *Journal officiel* ... 68
        II.3.3 – L'intrusion spontanée de l'anglais sous le régime de Vichy en 1942 ... 69
III. HERITAGES DU PASSE ET PERSPECTIVES D'AVENIR 71
    III.1 – Hybridation terminologique et innovation lexicale 71

 III. 1.1 – Les chansons malgaches 71

  III. 1.1.1 – Protestation et dénonciation des inégalités sociales 71

  III. 1.1.2 – Revendication politique et identitaire 81

 III. 1.2. – La littérature et le cinéma 88

III. 2 – Trilinguisme utilitaire 93

 III.2.1 – Cohabitation linguistique incontournable 93

  III.2.1.1 – Le français : langue officielle d'administration 93

  III.2.1.2 – L'anglais, une exigence internationale 97

  III.2.1.3 – Le malgache, langue de communication nationale 100

 III.2.2 – Trilinguisme et multilinguisme : voir les réalités en face 107

III.3. – Quelle perspective d'avenir pour la linguistique aéronautique à Madagascar ? 114

 III.3.1 – Langue malgache, langues malgaches : pourquoi ne pas chercher ailleurs ? 114

 III.3.2 – Implication effective des institutions civiles et militaires, étatiques et privées 120

 III. 3.3 – Adoption du numérique 126

CONCLUSION GENERALE 129

Références bibliographiques 130

INTRODUCTION GENERALE

À partir de 1817, la Grande Ile, composée de petits royaumes, est dotée du statut de Royaume de Madagascar, du temps du roi Radama Ier (1810-1828), sous l'influence des Britanniques dont la langue, l'anglais, devient une langue de correspondance diplomatique. A l'époque de son successeur, la reine Ranavalona Ière (1828-1863), le Père Marc Finaz, de la Congrégation jésuite envoie des aérostats au stade de Mahamasina.[1] Madagascar entre dans le monde aéronautique. Le développement de l'imprimerie suscite la concurrence entre les différentes missions religieuses pour la diffusion du christianisme à travers des écrits en anglais, français et malgache. Lorsque la Grande Ile devient officiellement colonie française à partir du 6 août 1896, l'autorité métropolitaine y met progressivement en place plusieurs infrastructures (routes, chemins de fer, aérodromes) afin de faciliter les mouvements et les flux de personnes et de marchandises. Dans ce cadre, l'idée d'impliquer l'aviation dans l'exploitation économique de la colonie vient du gouverneur général de Madagascar et Dépendances, Albert Picquié, en 1910. L'introduction effective de cette aviation dans la Grande Ile, en 1911, provoque des chocs de culture entre les Français colonisateurs et les Malgaches colonisés notamment dans le domaine linguistique. Dès 1909, la presse française rapporte à la Grande Ile les nouvelles sur le développement de l'aéronautique en Europe[2]. Puis elle relate les réactions des Malgaches sur la qualification de l'aéroplane par ces derniers lors de la réalisation du premier vol du pilote Jean Raoult, le 7 juillet 1911, à Androhibe, Tananarive, capitale de la Grande Ile. Plus tard, tout au long de la colonisation, à travers des écrits, les Malgaches construisent différemment les termes relatifs à l'appareil volant. En revanche, les Français utilisent, pour leur part, des vocabulaires malgaches pour exprimer leur point de vue sur l'aéronautique. Enfin, la coexistence de trois langues officielles (français, anglais et malgache) marque également le paysage aéronautique de la Grande Ile, et ce, depuis le XIXe siècle. A Madagascar, l'aviation constitue un tremplin pour la problématique linguistique et trouve un terrain favorable où se jouent deux langues étrangères et une langue vernaculaire dans leur développement. Ainsi, passé et présent se conjuguent : quel bilan tirer de cette histoire et quelle perspective envisager pour l'avenir ?

---

[1] - Actuel Stade Barea
[2] - Voir *Le Signal de Madagascar et Dépendances* : n° 800, Vendredi 16 juillet 1909 ; n° 805, Jeudi 22 juillet 1909 ; n° 809, Mardi 27 juillet 1909 ; n° 838, Mardi 31 août 1909

I – RESISTANCE DE LA LANGUE MALGACHE : CONFRONTATION ET HYBRIDATION LINGUISTIQUES

La construction de la langue malgache s'effectue au cours du temps. Les dialectes se développent avec l'apparition des royaumes. L'emergence du dialecte merina, qui supplante les autres parlers de la Grande Ile, aboutit à la malgachisation du parler merina ou à la merinisation du malgache.

I.1 – La compétition linguistique entre le malgache, le français et l'anglais

La langue des navigateurs venus du Sud Est asiatique appartenant au groupe malayo-polynésien de la famille austronésienne[3] comme le malais, l'indonésien et le tagalog, constitue le fonds de la langue malgache, et représente une grande partie du parler merina. Cette langue malgache s'enrichit des éléments apportés par les Africains islamisés, les Européens (Anglais et Français). Elle connaît quatre grandes périodes de transformation : la phase pré-malgache (Ier au Ve siècle) caractérisée par les parlers des proto-centre et sud-est Barito ; la proto-malgache indonésique, marquée par l'influence des parlers malayo-javanais entre V^e et VIIe siècle ; la phase de paléomalgache du VIIe au XIe siècle ou diasystème de la langue malgache mettant en place les structures et fond du vocabulaire commun dont les parlers régionaux ; et la phase de la dispersion dialectale du XIIe au XVIe siècle avec la reconstitution de l'unité linguistique (Nicot-Guillorel, 2009, p. 15-16).

La langue malgache se diversifie au fil des temps en fonction des répartitions géographiques des populations à travers l'île par le biais des mouvements migratoires. En fait, ces populations sont « des entités sociopolitiques qui sont construites peu à peu [et] résultent de guerres, d'alliances, d'ententes, des soumissions » (Rajaonah, 2023, p. 4).

Ainsi, depuis 3000 ans avant Jésus-Christ, des Austronésiens colonisent progressivement les Philippines, l'Indonésie, la Malaisie, la Micronésie, la Polynésie et arrivent sur les côtes de Madagascar. Au Ve siècle, des peuples qualifiés de *Vezo*

---

[3] - En 1906, le linguiste autrichien Wilhem Schmidt invente le mot « austronésien » pour remplacer l'expression malayo-polynésienne. Ce mot inclut les langues de l'indonésie, de la Mélanésie, de la Polynésie. Comme le dayak et le ma'anyan, le malgache s'affilie au groupe Barito du sud-est de Bornéo. Schmidt explique : « le fait que les langues indonésiennes, mélanésiennes et polynésiennes appartiennent à une grande famille de langue, celles des langues malayo-polynésiennes ou, comme je préfère les nommer, austronésienne, est connu et familier non seulement aux linguistes mais encore aux anthropologues et aux ethnographes » (Schmidt, 1907, p. 215).

sont présents sur la côte ouest de la Grande Ile (Battistini, 1995, p. 68). Ce sont des Austronésiens qui choisissent de rester sur les côtes.

> « Les premiers habitants de l'île sont des Austronésiens, partis du monde malayo-polynésien il y a si longtemps, avec des trajets ponctués de haltes, de contacts plus ou moins prolongés dans les pays riverains de l'océan Indien » (Rajaonah, 2023, p. 8).

En outre, à partir du VIIIe siècle, des navigateurs venant de l'Afrique de l'Est débarquent sur la côte occidentale de l'île et remontent progressivement vers l'intérieur pour devenir des *Vazimba* chasseurs. Au XIVe siècle, ils deviennent maîtres de la terre ou *Vazimba tompontany,* dans les forêts primaires du centre de la Grande Ile. Ils pratiquent les travaux de métallurgie et s'installent à l'Est de l'Imerina, autour de Fanongoavana, où se trouve la sépulture de leur ancêtre fondateur Andrianamponga, le prince du riz, du swahili *Mpunga* (Andriamihaja, 2023, p. 45). A la fin du XIVe siècle, l'organisation sociale des *Vazimba tompontany* évolue vers la fondation d'un royaume par Andriandravindravina (noble issu des feuilles).

Au XVe siècle, une vague d'austronésiens arrive sur les Hautes Terrres centrales. Ces Austronésiens proviennent de l'Asie du sud-est (Bornéo, Sulawesi, Sumatra). Ils passent par la côte est africaine là où ils emmènent avec eux des femmes et hommes africains et arrivent sur la côte ouest de Madagascar. Leurs descendants, qui se mélangent au fil du temps, montent vers les Hautes terres centrales et y introduisent la culture du riz, de l'igname (*oviala*), du cocotier (*voanio*), les pratiques du *famadihana* (retournement des morts), la science du nombre, et également l'usage du safran d'Inde. Au XVIe siècle, des affrontements ont lieu entre les descendants d'Austronésiens-Africains et les *Vazimba Tompontany*, d'origine africaine. Et ces derniers, conduits par Rafohy et Rangita (la naine et la crépue)[4], présentées comme princesses d'Alasora, descendantes d'Andriandravindravina, sont vaincus par les Austronésiens métissés Africains. Un deuxième metissage s'effectue entre ces deux grands groupes de population donnant naissance aux Merina. Une nouvelle structure politique apparaît avec ce metissage. Le roi Andriamanelo (1540-1575), fils de l'une des deux femmes *vazimba* et d'un Afro-austronésien appelé Andriamandazoala ou Andriamandazoalambo, devient le premier roi merina. Les descendants des vaincus fournissent la main d'œuvre pour la culture du riz qui commence à se développer. Andriamanelo officialise la différenciation sociale entre les Merina : les *andriana*

---

[4] - Des débats tournent autour de ces deux femmes *vazimba* en ce qui concerne leur parenté.

(nobles), les *hova* (roturiers) et les *andevo* (esclaves). Il donne naissance à Ralambo (1575-1612), qui attribue officiellement le nom *Imerina* à la région des Hautes Terres et *Merina* la population qui y vit. A son tour, le fils de ce dernier, le roi Andrianjaka (1612-1630), impose l'appellation *Antananarivo* ou « la ville des mille guerriers » sur une bourgade déjà occupée par les *Vazimba Tompontany*. Cette bourgade s'appellait *Ialamanga* (la forêt bleue) (Rainitovo, 1930, p. 326).

Le *British Museum* à Londres détient un document sur la langue malgache datant de 1603. Il s'agit d'un recueil de vocabulaires intitulé « *Spraeckende woord-boeck in the Maleysche ende Madagaskarsche Talen* » laissé par le Hollandais Frederik de Houtman, frère de Corneille de Houtman, navigateur et commerçant hollandais dans l'Inde orientale. Frederik de Houtman établit une comparaison entre les vocabulaires hollandais, malais et malgache (Cousins, 1881, p. 14). Le Révérend William Cousins de la *London Missionary Society (LMS)* reconnaît quelques vocabulaires malais qui ressemblent à ceux du malgache qu'il résume dans ce tableau ci-après :

Tableau 1 : Ressemblance entre malais et malgache relevée par le Rév. William Cousins en 1881

malais	malgache
foits.	foitra, S. foitsa.
hallin	alina
hedits	hoditra, S. hoditsa
kissou	kisoa
mamali	mamaly
matty enrano	maty an-drano
melock	meloka
metovy	mitovy
oelun mahere	olona mahery
orong	orona
renni	reny
ro	ro
rononno	ronono
toelang	taolana
tompo	tompo
torrack	toraka
tihy	tsihy

tsoke	tsoka
watou fysack	vato fisaka
wey-vavy	vehivavy

Source : W. Cousins, "Old Malagasy Books in the British Museum", *The Antananarivo Annual,* 1881, p. 14

De ce tableau, on peut déduire que les mots malgaches d'origine austronésienne concernent surtout la vie quotidienne (tsihy, taolana), l'agriculture (kisoa, ronono), la nature (alina, maty an-drano, vato fisaka). D'une manière générale, les vocabulaires austronésiens occupent une part non négligeable dans la langue malgache.

Tableau 2 : Les vocabulaires austronésiens dans la langue malgache

Noms malgaches	Noms austronésiens	Noms français	Noms anglais
tany	tanah	terre, sol	earth
vatu	batu	pierre	stone
fasika	pasir	sable	sand
voa	buah	fruit	fruit
trondro	ikan laut	poisson	fish
vary	beras	riz	rice
laoka	lauk	accompagnement	side dish
tanim-bary	tanah padi	rizière	ricefield
zaza	Anak	enfant	child
lehilahy	lelaki	homme	man
hanina	makan	repas	food
andro	hari	jour	day
volana	bulan	lune	moon
ovy	ubi	pomme de terre	potatoes
tafo	atap	toit	roof
lalan	jalan	chemin	path
matahari	masoandro	soleil	sun
nosy	nusa	ile	Island
merah	mena	rouge	Red

Dans sa thèse de doctorat intitulée *Essai de phonétique comparée du malais et des dialectes malgaches* présentée et soutenue à la Faculté des Lettres de l'Université de Paris et publiée à Paris en 1907, Gabriel Ferrand (1864-1935) confirme les rapports existant entre le Merina et le Malais déjà étudiés par Brandstetter avant lui (Ferrand, 1909, p. IX).

Tableau 3 : Quelques vocabulaires malais dans la langue malgache selon Gabriel Ferrand

malgache	malais	batak	tagal	dayak	makassar	javanais	Traduction en français
ala	alas						forêt
ala						alap	prendre
alika	andjin	andjin					chien
afero	hampadu						fiel, bile
afo			api				feu
ambiroa		beruwa					âme
ampatra	hampar						déployé, étendu
anaka		anak					enfant
andro				andow			jour
ankihikely	kelinkin						petit doigt de la main
aviavy	Djawi-djawi	Djabi-djabi					figuiers
avo				ambo			haut, élevé
bingo					benkok		
bontsina	buncit						enflé
dilotra				dilos			frotter
elatra						elar	
lalana	djalan	dalan			lalan		route, chemin
goaika	gagak	gak					corbeau
harana	karan	harana					corail
harona	karon						sac, poche, panier
harongana	garubgan						arbre
havana	kawan						compagnon, associé
hira				hila			chant, chanter
hita		kita					vu
hoho	kuku						ongle
karoka	garuk						Gratté, fouille
kohaka		hohak					crachat expectoré
kapa	kapak						hache
kosoka	gosok						frotté, frictionné
kotroka	guntur						tonnerre
lalina	dalam			lalim			profond
lanitra	lanit	lanit					ciel
lavitra				davit			éloigné

lavo		ma-dabu, labuh				dawuh	tombé
lano (milomano)		lane					nager
nifi	gigi						dent
orona	hidun	uron					
ota	hutan	utan					dette, faute, péché
ra	darah	daha					sang
ririnina	dinin						froid
sofina	kupin						oreille
tafo	atap						toit
tarehy						rahi	figure
tokelaka	gelak						rire
tratra	dada						poitrine
vano	benaw					bano	héron
vaovao	baharu	imbaru	tago			wabo	nouveau, récent
vato	batu	batu					pierre
vava		baba					bouche
vary	beras	boras					
vintana	bintan	bintan					Astre, étoile, destin astrologique
voa	buwah	buwah					fruit
voatra	buwat						fait, construit, fabriqué
voay	buwaya						crocodile
volana	bulan	bulan					lune, mois
vokoka	bunkuk	bunkuk					bossu
volo	buluh	bulu					bambou
vono	bunuh	bunu					tué, assassiné
vorona	burun						oiseau
zaitra	djahit	djahit					cousu, couture
zoro	djuru	duru					angle, coin

Tableau 4 : Quelques chiffres en malais et malgache selon Gabriel Ferrand

malgache	malais	batak	dayak	kawi	javanais	makassar	Traduction en français
roa	duwa	duwa		duwi		ruwa	deux
efatra	ampat	opat	epat				quatre
enina	anam	onom			enem		six
sivy	siwan	siya					neuf

Tableau 5 : Noms de mois malgaches du calendrier lunaire

Nom malgache	Nom arabe	Nom français	Concordance avec le calendrier grégorien
Alahamady	Al-Hamāl	Belier	Mars – Avril
Adaoro	Al-Thawr	Taureau	Avril – Mai
Adizaoza	Al-Dhūzā'a	Gémeaux	Mai – Juin
Asorotany	As-Sarṭān	Cancer	Juin – Juillet
Alahasaty	Al-Asad	Lion	Juillet – Août
Asombola	As-Sumbūla	Vierge	Août – Septembre
Adimizana	Al-Mīzān	Balance	Septembre – Octobre
Alakarabo	Al-'Aqrab	Scorpion	Octobre – Novembre
Alakaosy	Al-Qaws	Sagittaire	Novembre – Décembre
Adijady	Al-Jadī	Capricorne	Décembre – Janvier
Adalo	Ad-Dalū	Verseau	Janvier – Février
Alohotsy	Al-Hūt	Poisson	Février – Mars

Le roi Ralambo, inventeur du mot merina, institue le bain royal *Fandroana* et le culte des ancêtres. Il choisit le mois alahamady pour célébrer les fêtes y afférentes. Il utilise le calendrier lunaire pour rythmer l'agriculture et les rituels en récupérant les vocabulaires arabes introduits par les Africains islamisés. La dernière fête du bain royal se déroule en novembre 1896 car la dernière reine de Madagascar, Ranavalona III, part en exil à La Réunion le 28 février 1897.

Les mots d'orgine africaine sont également significatifs dans la langue malgache :

Tableau 6 : Les vocabulaires africains dans la langue malgache

Noms malgaches	Noms africains	Noms français	Noms anglais
omby , aomby	ngombe (swahili)	bœuf, zébu	Beef, zebu
amboa	mbua, imbua (bantou)	chien	dog
saka	paka	chat	cat
akoho	kuku	poule	chicken
lamba	lamba (swahili, bantou)	tissu	cloth
vola	wala	argent, monnaie	money
siny	sinia, chungu (swahili)	cruche	jug

tsihy	thihe (bantou)	tapis	mat
sira	jira, shira	sel	salt
sambo	sambo (swahili)	bateau	ship
anjara	njara, shara	destin, part	destiny, fate

Les *Vazimba Tompontany* utilisent le mot *Jamoka* pour désigner le bœuf (A propos des origines du zébu malgache, 1939, p. 1). Le roi merina Ralambo abandonne ce mot au profit du mot *omby* d'origine africaine plus récent.

D'autre part, le gouverneur français Etienne de Flacourt, à Fort-Dauphin, dans l'extrême sud-est de Madagascar rédige, en 1648, un dictionnaire sur la langue malgache publié à Paris en 1658 chez Georges Josse en 1658. Ce dictionnaire est intitulé « Dictionnaire de langue de Madagascar avec un petit recueil de noms et dictions propres des choses qui sont d'une même espece par le Sieur de Flacourt, Directeur Général de la Compagnie Francoise de l'Orient et Commandant pour Sa Majesté en l'Ile Madagascar et isles adjacentes »

Le volume 3 intitulé : « *Petit catéchisme avec les prières du matin et du soir que les missionnaires font & enseignent aux néophytes et cathecumenes de l'Ile de Madagascar, le tout en François et en cette Langue contenant trente Instructions* », de 112 pages, constitue une source importante pour étudier la formation de la langue malgache. En fait, ce document prouve qu'avec l'existence des cathécumènes, le christianisme s'installe dans la partie sud de Madagascar dès le XVIIe siècle et l'action d'évangélisation se poursuit chez la population Antanosy à Fort-Dauphin, à 700 km d'Antananarivo. Le français de Flacourt est différent de celui utilisé aujourd'hui avec l'absence d'accent pour certains mots (prieres, neophytes, cathecumenes) et l'utilisation du mot « françois » au lieu de « français ». En outre, Flacourt qualifie le dialècte antanosy de langue malgache. Plusieurs vocabulaires mentionnés dans ce petit cathéchismes sont récupérés par les traducteurs de la Bible au XIXe siècle et sont encore utilisés aujourd'hui avec ou sans modifications.

Tableau 7 : Vocabulaires antanosy existant dans la Bible chrétienne

Vocabulaires utilisés par Flacourt en 1658	Vocabulaires bibliques actuels (langue malgache)
Reine amin rai antsica amin tompon ampele aman tompon dahe (p. 3)	Ray aman-drenintsika amin'ny tompo, lehilahy sy vehivavy
Ino anareo mianatse fianatse (p. 3)	Inona ianareo no mianatra ny fianarana?
Firi Zahnahare Zahnahare Iraiche (p. 8)	Firy ny Zanahary ? Iray Zanahary.

Firi taun rahissa chiristou nivelome ambone tane. (p. 13)	Firy taona Jesoa Kristy no velona teto ambonin'ny tany ?
Teloupoulo taun telou ambi (p. 13)	Telo amby telopolo taona
Magnino nifatezeri (p. 13)	Maninona no nahafaty azy.
Tane nihourohou, vatonnihavachivachi (p. 14)	Nihorohoro ny tany, vakivaky ny vato.
Hota Ino nih ota (p. 18)	Ota, inona ny ota?
Foulo (p. 31)	Folo
Abiny firaïche oulon masin (p. 60)	Amin'ny firaisan'ny olo-masina

Dans ce petit lexique de Flacourt, le mot « chrétien » est traduit par *vazaha* qui désigne actuellement les Européens (les Blancs) ; de même l'« église » par *fivourinih vazaha* (*fivorian'ny vazaha*) en malgache, c'est-à-dire réunion des étrangers, des Européens. Autrement dit, le christianisme est une réligion des étrangers introduite à Madagascar. En fait, le petit cathéchisme de Flacourt permet de comprendre l'évolution de la langue malgache, les différences et points communs entre les dialectes de la Grande Ile à partir du XVIIe siècle jusqu'à nos jours.

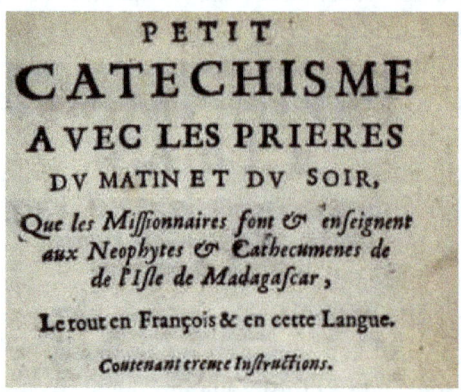

Titre du volume 3 du livre d'Etienne de Flacourt en 1658

Au XVIIe siècle, Cauche et Flacourt annoncent l'existence des lettres en caractères arabes comprenant des talismans écrits sur des fragments de papiers, des feuilles, des pierres, des coquilles d'œufs dans la région de Fort-Dauphin et de Matitanana (Faublée, 1970, p. 268). En réalité,

> les migrations islamiques vers Madagascar s'inscrivaient dans le même mouvement qui amena à Madagascar des vagues successives de

migrants bantous, issus de la civilisation swahilie de la côte est-africaine. Cette civilisation swahilie était le fruit d'une présence islamique continue, originaire de Perse et de la péninsule Arabique, dans cette région (Versteegh, 2001, p. 185).

Dans cette optique, ces Africains islamisés introduisent dans les Hautes Terres la notion du calendrier arabe.

Tableau 8 : Noms de semaine malgaches introduits par les Africains islamisés

Nom malgache	Nom arabe	Note
Alahady	Al-Aḥad	Racine : Ahad qui signifie premier ou un
Alatsinainy	Al-Ithnayn	Racine : Ithan = deux
Talata	Ath-Thulatha	Racine : Thalaata = trois
Alarobia	Al-Arba'a	Racine : Arba'a = quatre
Alakamisy	Al-Khamis	Racine : Khamsa = cinq
Zoma	Al-Jumu'ah	Racine : Al-Jumu'ah = réunion
Sabotsy	As-Sabt	Racine : Sabt = Sabbat

La prise d'Antananarivo par Andrianampoinimerina, roi d'Ambohimanga, au XVIIIe siècle, donne une importance stratégique au royaume merina. Le projet de réunification des autres royaumes de la Grande Ile par ce roi bénéficie de l'appui des deux lettrés anakara antemoro Ratsilikanina et Andriamahazonoro de Matitanana dans la côte sud-est de Madagascar. Ces deux antemoro introduisent en Imerina l'usage de l'écriture arabe en 1802. Plus tard, ils collaborent avec le fils d'Andrianampoinimerina, Radama I, et participent dans les relations extérieures de ce dernier (Andriamihaja, 2022, p.1).

L'anglicisation de la vie sociale, politique et économique du Royaume de Madagascar commence avec le début des liens diplomatiques entre Radama I et la Grande-Bretagne, une grande puissance de l'époque. Dans son projet d'unification de l'île, Radama I crée une armée professionnelle. En 1816, le gouverneur de l'Ile Maurice Robert Farquhar (1776-1830) collabore avec lui dans le domaine militaire. Ce dernier envoie ses deux frères Ratafika et Rahovy pour suivre une formation à Maurice sous la responsabilité du sergent anglais du 56e régiment de l'armée de l'Inde James Hastie. En 1817, à la suite de la signature du Traité d'amitié entre le Royaume de Madagascar et le Royaume-Uni, Radama I bénéficie de l'encadrement militaire de deux officiers britanniques Craden et Brady et de 30 instructeurs militaires anglais et recrutent des jeunes issus des riches familles nobles et roturiers qui ont besoin de la protection au sein du Royaume de Madagascar. D'où l'institution du *miaramila* (qui cherche ensemble).

En octobre 1820, dans la continuité des accords anglo-merina, des Malgaches participent à la diffusion de l'anglais dans les Hautes Terres. En échange de la cessation de la traite des esclaves, Radama I envoie 9 cadres merina dont Razafinkarefo, Ravarika, Raolombelona, Andrianaivo, Rakotomavo, Ramboa, Andriantsiory et les frères jumeaux Rahaniraka et Raombana afin de suivre une formation dispensée par la *London Misionary Society* (LMS), en Angleterre, pour le compte de l'administration royale. Ces jeunes sont accompagnés par une délégation conduite par Ratefinanahary et Andriamahazonoro. Les frères jumeaux Rahaniraka et Raombana reviennent dans la Grande Ile pour occuper des postes de haute responsabilité :

> « Les frères jumeaux Rahaniraka et Raombana naissent en 1809… Comme il est de coutume à la naissance de jumeaux, et pour conjurer le sort d'avoir partagé le même ventre, on leur accole d'abord les sobriquets de Ravoalavo (le rat) et d'Itotozy (la souris). Choisis parmi les fils de grandes familles, les jumeaux partiront étudier en Angleterre où ils vivront près de huit ans. Ils quittent Madagascar le 24 novembre 1820 et seront de retour seulement le 5 juillet 1829. L'essentiel de leur carrière se déroulera ensuite à la Cour où ils tiennent le secrétariat privé auprès de la reine Ranavalona 1re, tâche qui impliquait la conception et la rédaction des décrets royaux et des documents diplomatiques. Raombana est le premier historien malgache, car il est l'auteur d'une histoire de Madagascar, rédigée en anglais pour être soustraite à une éventuelle censure sous le règne de Ranavalona 1re. Le *Bokintaratasiko* de Rahaniraka, aux ambitions plus familiales, constitue un journal de leur séjour en Angleterre. Les frères jumeaux furent les précepteurs de ceux qui allaient gouverner le pays dans la deuxième moitié du XIXe siècle : le prince héritier Rakotoseheno, futur Radama II, le futur Premier ministre Rainilaiarivony ou encore le futur ministre de l'Intérieur Rainandriamampandry. Ramaniraka, fils de Rahaniraka qui avait inauguré le poste de ministre des Affaires étrangères sous Radama II, deviendra à son tour sous-secrétaire aux Affaires étrangères » (Andriamihaja, 2023, p. 44).

Les relations diplomatiques entre le gouvernement Rainilaiarivony et les Etats-Unis renforcent la place de l'anglais dans le Royaume de Madagascar. A partir de 1881, le consul américain à Madagascar John L. Phelps négocie avec la partie malgache représentée par le Premier ministre en vue de l'aboutissement d'un accord signé le 13 février. Et la ratification du traité américano-malgache appelé *"Treaty of Peace, Friendship, Commerce and Navigation between the United States and the Kingdom of Madagascar"*, le 14 mai 1883, conforte la place du Royaume de Madagascar en tant que nation indépendante et souveraine. A travers ce Traité de paix, d'amitié, de commerce et de navigation entre les États-Unis d'Amérique et le Royaume de Madagascar, Rainilaiarivony obtient une reconnaissance internationale d'un pays occidental non colonial.

> Article III.
> The citizens of the United States may freely trade in all the ports of Madagascar which are open to foreign commerce; they may import and export all kinds of merchandise, paying the duties established by law, and shall enjoy all the rights, privileges, and immunities which are granted to the citizens or subjects of the most favored nation.

Cet article III qui laisse aux citoyens américains de naviguer librement, commercer et résider dans toutes les parties du Royaume de Madagascar ouvertes au commerce étranger signifie que tout Madagascar est sous contrôle du pouvoir central merina. Ceci est vrai en théorie mais pratiquement un tiers de la Grande Ile échappe au contrôle de Rainilaiarivony notamment la partie sud de Madagascar.

D'autre part, la merinisation de la langue malgache bénéficie de l'arrivée des Britanniques à Madagascar. Les relations anglo-merina conduisent à la codification de la langue malgache selon l'alphabet latin. Après évaluation, Radama I adopte les caractères latins et par conséquent codifie le malgache en retenant seulement vingt-une lettres (voyelles et consonnes) : a, b, d, e, f, g, h, i, j, k, l, m, n, o, p, r, s, t, v, y, z. Il élimine ainsi les lettres « c », « q », « u », « w », et « x » qui ont la même sonorité que d'autres consonnes. L'alphabet malgache est appelé *abidy*. En 1818, Radama I ouvre une école pour les enfants des *andriana* (noble) appelée Ecole du palais d'Antananarivo et en 1820, une autre pour les enfants merina, à Ambodinandohalo. Ainsi, des écrits en langue malgache sont publiés.

> La standardisation du malgache officiel fut réalisée au début du XIXe siècle sous l'impulsion du roi Radama 1er et des missionnaires protestants de la *London Missionary Society* (L.M.S). Cette volonté

politique d'étude systématique de la langue fut un phénomène nouveau dans l'Imerina, même si l'élaboration de vocabulaires et de grammaires de la langue, à usage des Européens, avait déjà été réalisée par plusieurs étrangers de passage lors de la rédaction de récits de voyage (Nicot-Guillorel, 2009, p. 25).

En outre, la société merina procède à la malgachisation des noms anglais. Les missionnaires britanniques de la LMS reçoivent des noms malgaches. Le Révérend David Johns (1796-1841), qui a ouvert la première école à Madagascar, à Andafiavaratra, en octobre 1820, est appelé Jonjilava ou Jaonjilava (Dictionnaire en ligne malgache, 2025). Plus tard, le Révérend David Jones (1797-1842), de petite taille, arrivé dans la Grande Ile, en septembre 1826, traducteur de la Bible en malgache avec David Griffiths, est appelé Jonjifohy.

Dans les Hautes Terres, le christianisme s'enracine davantage en 1869 notamment avec le baptême du Premier ministre Rainilaiarivony et la reine Ranavalona II (1868-1883). A partir de 1875 jusqu'en 1900, la LMS publie la revue *The Antananarivo Annual and Madagascar: a record of information on the Topography and Natural Productions of Madagascar, and the Customs, Traditions, Language, and Religious Beliefs of its People.*

La merinisation de la langue malgache obtient un statut légal à la fin du XIXe siècle :

> « Le dialecte Merina a suivi la forturne des souverains de Tananarive. Au commencement du XIXe siècle, il n'était encore qu'un dialecte parlé, alors que certaines tribus maritimes avaient, depuis des siècles, adopté l'alphabet arabe. Le 8 décembre 1820, des agents de la « London Missionary Society » ouvrent à Tananarive la première école européenne. Six ans après, ils montent une imprimérie ; publient, l'année suivante, une traduction de la genèse, et, en 1830, une version malgache du nouveau Testament intitulée : *Ny Tenin'Andriamanitra, atao hoe : Tesitamentan'ny Jesosy Kraisty Tompon'ntsika, sady Mpamonjy no Mpanavotra* ; la parole de Dieu appelée : Testament de Jésus-Christ, notre Seigneur, Sauveur et Redempteur. En 1835 apparaît le premier dictionnaire Merina: *A dictionary of the Malagasy language in two parts: English and Malagasy* by J.J Freeman, missionary; *Malagasy and English* by D. Johns, missionary…

> Le Merina se distingue surtout des autres dialectes malgaches par un vocabulaire plus étendu, un nombre plus considérable de formes verbales, par une phrase plus souple et plus élegante qui se prête même, et mieux que le malais, à l'expression des idées abstraites… Le Merina s'est écarté davantage du dialecte malais initial dont les dialectes malgaches maritimes ont, au contraire, conservé les principales caractéristiques. L'Antanosi : *vurùn, lànitsé, tranu,* par exemple, est beaucoup près du Malais : *burùn, lànit, danaw* que le Merina : *vurunà, lanitrà, tranu* (Ferrand, 1909, XXIV, XXVII, XXXII).

Dans le domaine maritime, l'administration royale du gouvernement Rainilaiarivony achète, le 30 septembre 1881, un voilier appartenant à la firme Protecter Brothers de Tamatave baptisé *Antananarivo* (Esoavelomandroso, 1978, p. 229). La langue malgache possède sa propre particularité. Par exemple, les Malgaches construisent un verbe à partir d'un nom en français : le mot cheval est malgachisé en *soavaly* pour obtenir un verbe *soavalio*, ce qui est impensable pour les Européens (Jorgensen, 1896, p. 33).

Or, la mission catholique à Madagascar contribue à la promotion du parler merina au XIXe siècle. Le père François Callet écrit un livre monumental sur le royaume merina intitulé *Tantara ny Andriana*/Histoire des Rois. Il publie par le biais de l'imprimerie catholique la version malgache de ce livre en 1878 et 1881 et un résumé en français en 1908. Le père Callet effectue des enquêtes orales en Imerina et y collecte des écrits sur les traditions orales des Hautes Terres centrales. Il présente l'histoire des rois merina : les règnes de Radama I (1810-1828), de Rabodonandrianampoinimerina (1828-1861), de Radama II (1863-1861), et de Rasoherina (1861-1863) dans une grande collection documentaire.

Les Européens qui vivent ou de passage à Madagascar au XIXe siècle constatent que les Malgaches entrent eux ne vivent pas en harmonie. Les populations dans les côtes entre autres les Sakalava ne sont pas en bonne entente avec celles des Hautes Terres notamment les Merina (Hova ou Ambaniandro) pour des raisons historiques et politiques : par exemple en 1876, la province de Menabe était sous l'occupation des Hova qui y installaient trois stations militaires : Manja, Mahabo et Andakabe (Wallen, 1881, p. 12).

La francisation de Madagascar commence officiellement avec la loi d'annexion de la Grande Ile le 6 août 1896. Mais les Français s'intéressent déjà à la langue malgache auparavant. Ils apprennent souvent sur le terrain, par contact direct avec les Malgaches. Dans son ouvrage *Histoire de la grande isle Madagascar* (1658), le gouverneur de Fort-Dauphin (1655–1660) Etienne de Flacourt recueille de nombreux vocabulaires et expressions malgaches, traduits en français, pour aider les missionnaires afin de comprendre les habitants et les convertir. Dès 1830, l'industriel Jean Laborde (1805-1878) apprend le malgache pour diriger son complexe industriel à Mantasoa et correspondre avec la reine Ranavalona Ière. En résumé, les Français apprennent le malgache pour prêcher, faire du commerce et s'intégrer dans la culture locale. En outre, plusieurs linguistes et ethnographes français (Gabriel Ferrand, Alfred et Guillaume Grandidier) étudient la langue pour mieux comprendre la culture et l'histoire malgaches. Ils publient des grammaires, dictionnaires, recueils de contes et proverbes pour documenter la langue et faciliter la « mission civilisatrice ». Dans les années 1860, l'explorateur-ethnologue Alfred Grandidier se lance dans l'approfondissement du malgache. Ainsi,

> [Il] s'investit physiquement en passant plusieurs années sur le terrain. Il a l'avantage de pouvoir échanger directement avec les Malgaches car il se met à étudier la langue dès ses premiers déplacements en 1865… Cet apprentissage apparaît fondamental et figure même comme une recommandation prioritaire dans le guide d'enquête publié par la Société des Observations de l'Homme en 1800… Alfred Grandidier maîtrise parfaitement le malgache lors son troisième et grand voyage de 1868-1870. L'explorateur dresse d'ailleurs au cours de ses trois expéditions un certain nombre de petits glossaires pour noter les variantes lexicales régionales, en particulier dans le Sud, et se lance dans une étude comparative de dix dialectes, portant sur 1200 mots. Sans être linguiste, il perçoit l'importance de la langue dans l'appréhension de la société (Combeau-Mari, 2012, p. 219).

En 1883, la langue française prend davantage de l'importance avec le déclenchement par la France de la première expédition militaire contre la Grande Ile appelée Guerre franco-hova de 1883-1885. Cette guerre offre une suprématie au français notamment avec la publication de l'organe officiel de l'administration royale *Ny Gazety Malagasy. Journal officiel de Madagascar et de ses dépendances.* Paru tous les jeudis, l'abonnement de ce périodique s'effectue à l'imprimerie nationale et au bureau du *Journal Officiel* à la Résidence Générale. En effet, le journal officiel bilingue, malgache et français, décrit les relations entre les deux personnalités politiques du Royaume de Madagascar (Ranavalona III et Rainilaiarivony) et le Résident général français Hyppolite Laroche. Le texte officiel en malgache comporte à la fois de mots français malgachisés et des vocabulaires non-traduits pour faute de synonyme en malgache.

Le général Gallieni arrivé à Madagascar en septembre 1896 met fin à l'hégémonie hova en militarisant la région Imerina et le pays betsileo et en y proclamant l'état de siège. Puis il procède à l'organisation de la nouvelle colonie : création de l'école de médecine et de l'hôpital indigène, institution de l'inspection d'hygiène, création d'écoles et mise en place du service d'enseignement, d'un chemin de fer, du service des travaux publics, du service topographique. Parallèlement, Gallieni mène une campagne de pacification tout au long de 1897. La chambre des Députés approuve la politique suivie par Gallieni à Madagascar et soutient la pacification par l'armée de « la nouvelle terre française » (Le général Gallieni à Madagascar, 1923, p. 1).

Une fois à Madagascar, Gallieni s'efforce de connaître et de comprendre les différentes populations composant les habitants de la Grande Ile. Son livre *Neuf ans à Madagascar*, entre 1897 – 1906, rapportant l'évolution de son installation dans le pays nouvellement colonisé permet de comprendre la gestion linguistique de la langue malgache par le général durant sa présence dans la Grande Ile. D'abord, sa politique linguistique est claire : il impose le français tout en déployant une politique de charme :

> Dès mon arrivée, je traçai la ligne de conduite à suivre à cet égard à tous ceux qui détenaient une part quelconque d'autorité. « La langue française – disais-je – dans une de mes premières circulaires doit devenir la base de l'enseignement dans toutes les écoles de l'île. Les programmes seront remaniés et établis d'une manière simple, en revêtant surtout un caractère professionnel, de façon que les écoles fournissent aussitôt possible des auxiliaires aux entreprises agricoles et industrielles de nos colons… Je spécifiai aussi les avantages qui seraient réservés aux indigènes possédant notre langue. Dorénavant, nul Malgache ne sera pourvu d'emploi public s'il ne parle et écrit le français ; en toute circonstance, celui qui connaîtra notre langue aura la préférence sur les autres indigènes (Gallieni, 1906, p. 194).

Ensuite, Gallieni procède de plusieurs manières à l'écriture des mots malgaches à sa façon :

- Choix de la francisation systématique des noms stratégiques de la Grande Ile : Diégo-Suarez, Majunga, Nossi-Bé, Sainte-Marie, Tamatave, Tananarive, Emyrne… ;
- Adoption de la francisation des mots malgaches (lieux géographiques, groupes de populations) : Angave (Angavo en malgache) ;
- Ajout d'un accent sur certains mots qui contiennent une voyelle « e » au milieu ou à la fin : Andévoranto, Anjozorobé, Ankazobé, Antsirabé… en suivant la règle grammaticale française ;
- Maintien de l'écriture à la façon malgache de certains noms (toponymie) : Ivondro, Tsiroanomandidy, Ambatomanga, Tsiafahy, Ankavandra, Soavinandriana… ;
- Etablissement de la règle de singulier et pluriel pour certains noms : Betsimisarakas, Hovas, Bezanozanos, Betsimisarakas, fahavalos… ;
- Recours au néologisme : fahavalisme (qui vient du mot malgache *fahavalo*) ;
- Utilisation d'autres mots non français : *blockhaus*, *Act Torrens*… ;
- Mise en italique des mots invariables ou spécifiques ou : *ranomafana*, *ravenales* ; toutefois, le mot *ravenales* est une francisation du mot malgache *ravinala*… ;
- Francisation de l'ensemble des populations de Madagascar par « Malgache » en réponse à l'écriture anglaise et malgache « Malagasy ».

Gallieni élabore sa propre conceptualisation des populations de Madagascar. Il répartit Madagascar en plusieurs pays : « pays de souveraineté » (Imerina), « pays de suzeraineté », (régions des « peuplades », les Betsileo, Bezanozano, Sihanaka, Betsimisaraka, Antakarana qui sont, selon lui deviennent progressivement « des tribus vassales » sous autorité effective des Hovas depuis l'avènement d'Andrianampoinimerina), « pays d'autorité nominale », et « pays indépendants » (occupés par des « tribus » Bara, Tanala, Antanosy, Sakalava, Mahafaly, Antandroy). En outre, il procède à l'ethinicisation des Malgaches et utilise le vocabulaire « populations » pour qualifier les « non-Merina » sous la responsabilité du Gouvernement royal. En 1897, Gallieni fait réaliser dans toute l'île des recensements des Malgaches par nombre d'individus suivant le partage en circonscriptions administratives groupé suivant des considérations ethniques qui s'étend à des régions et à des peuplades :

Hovas : 900 000 ; Betsiléos : 400 000 ; Bezanozanos : 30 000 ; Sihanakas : 50 0000 ; Betsimisaraka : 250 000 ; Tanalas : 40 000 ; Antaimoros : 40 000 ; Antaifasy et Antaisakas : 150 000 ; Antanosy, Antatsimos et Antandroy : 200 000 ; Mahafaly : 60 000 ; Sakalavas et Baras : 300 0000 ; Tsimihety et Antakares : 70 000

Ainsi, en 1897, les Malgaches qui s'élèvent à 2 500 000 habitants, sont groupés en 17 ethnies.[5] La classification de Gallieni tient compte du nombre des populations, de leur reconnaissance politique et des considérations géographiques et ne se base pas sur des considérations physiques ou biologiques. Les Hova sont composés d'anciens membres de l'oligarchie ploutocratique de la monarchie antananarivienne, d'anciens *andriana* (noble), d'anciens *hova* (roturiers), d'anciens esclaves mozambicains (*andevo*), des anciens serviteurs royaux *Mainty enin-dreny* et *Manisotra*.

L'historique de l'évolution de la langue malgache depuis son origine jusqu'à la fin du Royaume de Madagascar se reflète sur l'écriture de la toponymie malgache de la Grande Ile, de sa capitale et de sa langue. La guerre des mots à Madagascar dans le domaine de l'aéronautique se joue entre autres sur ces trois registres. La plupart des auteurs reconnaissent que le mot Madagascar est attribué de l'extérieur (Rajaonah, 2023, p. 6) mais non pas par les habitants de la Grande Ile tandis qu'Antananarivo est un nom purement malgache.

---

[5] - Plus tard, l'administration coloniale ainsi que les intellectuels et les élites malgaches ont élaboré une nomenclature regroupant dix-huit ethnies : Merina, Sihanaka, Bezanozano, Betsileo, Betsimisaraka, Mahafaly, Sakalava, Antandroy, Antesaka, Antemoro, Antefasy, Antambahoaka, Antanosy, Antakarana, Bara, Tanala, Tsimihety et Vezo. En réalité, chaque ethnie englobe plusieurs groupes de population. Par exemple, l'ethnie Bara comprend les Bara be, Bara Imamono et Bara bory. Plusieurs ethnies peuvent également former un groupe régional : ainsi, les Malgaches du Sud-Est, tels que les Antesaka, Antefasy et Antambahoaka, sont regroupés sous l'appellation Betsirebaka. Il convient de souligner que, dans le cas de la société malgache, la prudence s'impose dans l'utilisation de concepts sociologiques tels qu'ethnie, clan ou caste, car ces termes recouvrent une réalité différente de celle que l'on pourrait imaginer. Enfin, plusieurs appellations malgaches ne figurent pas dans la nomenclature des dix-huit ethnies, comme les Zafisoro, Zafiraminia, Zafimaniry, Antemboay, etc.

Tableau 9 : Les différents noms de la Grande Ile depuis le Xe siècle jusqu'au début de 1900

Nom	Date	Auteur et sources
Al Qumr	Xe siècle	Nom donné par les navigateurs arabes qui signifie Ile de la Lune Plus tard Al Qumr est donné aux Comores
Wak Wak	XIIe siècle	Navigateurs et géographes arabes (Ibn Majid, Al-Idrisi)
Madeigascar	Vers 1298	Le voyageur vénitien Marco Polo, dans son ouvrage « Livre des Merveilles » pensait que la Grande Ile était une partie de la côte africaine.
São Lourenço ou Ile de Saint Laurent	10 août 1500	Le Portugais Diogo Dias aborde l'ile le jour du Saint-Laurent.
Ile Dauphine	XVIIe siècle (1642)	Nom donné par les Français de la Compagnie d'Orient en hommage au Dauphin de France, fils du roi Louis XIII
Madagascar	XVIIe siècle	Hollandais de la Compagnie des Indes Orientales (les Frères Houtman)
	XVIIe siècle	Nom donné par le gouverneur français de Fort-Dauphin Etienne de Flacourt (1658, *Histoire de la grande île Madagascar*)
	XVIIIe–XIXe siècles	Nom donné par les voyageurs et missionnaires français dans la nomenclature et cartes françaises : Abbé Rochon (1741–1817) : *Voyage à Madagascar et aux Indes orientales* (1791) ; Alfred et Guillaume Grandidier : *Histoire physique, naturelle et politique de Madagascar* (1885–1903)
	XIXe siècle	Nom donné par les missionnaires anglais et norvégiens figuré dans les documents et revues divers : William Ellis (1838). *History of Madagascar*. London: Fisher, Son & Co. Samuel Pasfield Oliver (1886): *An historical and descriptive account on the Island and its formers dependencies*, Volume I
Madagasikara	XIXe siècle	Callet, François, *Tantaran'ny Andriana eto Madagasikara*, Antananarivo, 1878
Royaume de Madagascar	XIXe siècle	Nom donné par les missionnaires anglais ; nom reconnu par les autorités britanniques, américaines dans les documents diplomatiques
Madagascar et Dépendances	XIXe–XXe siècles	Nom donné par la France métropolitaine suite à la colonisation de Madagascar avec l'intégration des Comores, à partir du 6 août 1896

Tableau 10 : La qualification des Hautes Terres centrales de l'île avant 1910

Toponymie	Auteurs	Observations
Imerina	roi Ralambo	
Emyrne	Voyageurs français (XVIIIe–XIXe siècles)	Francisation de l'Imerina
Antananarivo	roi Andrianjaka (1612-1630)	Depuis 1610
Tananarive	Autorité française au XIXe siècle	Officialisé par la France métropolitaine à partir de 1896

Tableau 11 : Les dénominations de la langue malgache par les étrangers avant 1910

Description	Auteurs	Observations
malgache	missionnaire français	Pierre Caussèque : *Grammaire malgache*, 1886
malagasy	missionnaire anglais	David Griffiths : *A Grammar of the Malagasy Language*, 1854 ; Edward William Cousins: *A concise introduction to the Malagasy language*, 1885
hova	missionnaire français	Laurent Ailloud : Grammaire *malgache-hova*, 1872

I.2 – Résistance coloniale à travers la langue malgache

Consciemment ou inconsciemment, les Malgaches expriment leurs visions des nouveautés apportées par la colonisation française à travers la langue vernaculaire représentée par le parler merina. Le journal *Progrès de Madagascar* et la revue *La Vie au Grand Air* inventorient les différents termes utilisés par les Malgaches témoins du premier vol aérien du 7 juillet 1911 à Androhibe, Tananarive.

I.2.1 – Résistance spontanée

Les Malgaches expriment une résistance spontanée à l'autorité coloniale française lors du premier envol de l'aéroplane à Tananarive en 1911. Les divers vocabulaires évoqués par les Tananariviens ayant assisté à cet événement confirment cette résistance. D'abord, le journal *Progrès de Madagascar* rapporte que « les indigènes étaient littéralement sidérés » en voyant un aéroplane survolant la capitale coloniale Tananarive, le vendredi 7 juillet 1911, pour la première fois : « Pour les uns c'est un *tomobile ambony* ; pour d'autres c'est un papangue lancé en l'air et non dirigé par un vazaha ; pour d'autres encore c'est tout simplement *rara vazaha* : autrement dit des histoires vazaha devant lesquels il faut s'incliner sans comprendre » (Reporter, 1911, p. 3).

De même, dans un article rédigé par Raoult intitulé « Mes vols à Madagascar », publié dans la revue *La Vie au Grand Air,* la rédaction de cette revue ajoute la réaction des Malgaches après la démostration aérienne de cet aviateur : « Les indigènes viennent admirer l'oiseau, la popango comme ils l'appellent. Ils le surnomment également l'automobile volante, la libellule, etc » (Raoult, 1911, p. 600).

La qualification de l'aéroplane par « tomobile ambony » par les Malgaches apparaît comme une dénonciation de l'introduction de l'automobile par le gouverneur général Gallieni à partir de 1900 car ce moyen de transport supplante les moyens de transports traditionnels basés sur l'utilisation des bœufs (Mourey, 1900, p. 263). Plus tard, en 1901, dans la capitale, le Gouvernement colonial établit un nouveau plan d'urbanisme comprenant plusieurs routes qui taillent les maisons indigènes (Duquénois, 1902, p. 116).

En fait, l'appellation « tomobile ambony » signifie une voiture en haut. En mettant en italique ces deux mots, le journaliste *du Progrès de Madagascar* les considère comme de nouveaux vocabulaires, donc néologisme de la part des indigènes.

De même, dans l'article intitulé *Mes vols à Madagascar* de l'aviateur Jean Raoult, administrateur colonial, en 1911, la rédaction de la revue *La Vie au Grand Air* note que les Malgaches «surnomment» l'aéroplane d'«automobile volante » (Raoult, 1911, p. 600). La mention de ce vocable montre, aux yeux des Français, un intérêt certain des Malgaches pour les nouvelles techniques introduites par la métropole (Reporter, 1911, p. 3).

Ainsi, l'aéroplane de Jean Raoult n'est qu'une réplique de l'automobile-voiture introduite par le général Gallieni à Madagascar en 1900. En fait, Gallieni utilise sur la route reliant Tananarive à la partie nord-ouest de la colonie son automobile Panhard-Levassor (Rasoloarison, 2013, p. 21). En 1911, les Tananariviens sont habitués à contempler trois voitures Panhard et Levassor, une de Dion-Bouton, deux Bayard-Clement, sept camions qui circulent dans la capitale coloniale (Reporter, 1911, p. 600).

En outre, l'utilisation du « papango » par les Malgaches pour désigner l'aéroplane traduit un mécontement envers la métropole car pour eux, le « papango » incarne la colonisation française. La rédaction de la revue *La Vie au Grand Air* annonce que les indigènes viennent à Androhibe, Tananarive, le 7 juillet 1911 pour admirer le monoplan Blériot IX , le « popango » comme ils l'appellent (Raoult, 1911, p. 600). Elle avance cette affirmation parce qu'elle pense que les Malgaches composés essentiellement des Tananariviens et qui figurent parmi les 50 spectateurs sur place, représentent la Grande Ile (Reporter, 1911, p. 3).

D'autre part, l'aviateur français Raoult écrit dans son article « popango » pour désigner le « papango » comme il l'entend phonétiquement sur le terrain d'aviation ce jour. Par ailleurs, cette appellation est citée avant l'« automobile volante » et dans une phrase indépendante, ce qui signifie l'importance accordée par cette revue à l'aigle de Milan car elle capte fortement l'attention du journaliste du *Progrès de Madagascar* , témoin de l'événement (Reporter, 1911, p. 3).

En réalité, le « papango » ou « popango » utilisé par Raoult contient une signification particulière. Cette qualification est transposée par certains spectateurs du premier vol aérien du 7 juillet 1911 à Tananarive, pour qualifier l'aéroplane de « Papango », ou aigle de Milan dans le but de dénigrer l'ordre colonial français. En effet, au lendemain de la colonisation française, les Malgaches vivent une période critique. D'abord, à partir de 1903, les charges fiscales pèsent lourdement sur les Tananariviens car ceux qui ne peuvent pas payer leurs impôts sont forcément affectés à des travaux publics (Jacob, 1987, p. 454). En outre, l'autorité coloniale française réprime les mouvements de résistance des Menalamba qui défendent la cause du Royaume de Madagascar à Tananarive (Valensky, 1998, p. 282).

L'évocation du « papango » par les Malgaches traduit également une peur des colonisateurs français qui imposent leur loi. D'ailleurs cet oiseau dispose d'une grande puissance (Renel, 1915, p. 41). Par métaphore, les spectateurs malgaches définissent la métropole comme un rapace qui prend par la force la place de l'oiseau « Voromahery » ou épervier royal symbolisant l'ancienne monarchie du Royaume de Madagascar. En fait, chez les Malgaches, le *papango* est un oiseau prédateur dangereux. On compare une personne qui trahit une confiance par cet oiseau. Le proverbe l'atteste : *Nataoko ho hitsikitsika hivavahana kanjo papango nipaoka ny zanak'akoho*. Traduction : Je pensais qu'elle est un faucon crécerelle auquel je vais prier alors qu'en fait elle est un milan qui vole les poussins. Ainsi, le « papangue » évoqué par cette catégorie de spectateurs exprime indirectement une certaine nostalgie du royaume merina. Dans son article intitulé *Les animaux dans le mythe d'Ibonia. Les expressions d'un idéal masculin*, Ravelomanana établit une comparaison entre les deux oiseaux :

Le mythe d'Ibonia fait référence ici au milan, le Papango, en malgache. Mais il parlera aussi de l'épervier royal, le Voromahery. Le milan a été moins apprécié que l'épervier qui est étiqueté « royal ». Ce dernier sera identifié à tout ce qui va se rapporter au symbolisme de la royauté et de la puissance de cette dernière. L'interprétation classique, courante, considère l'épervier comme le représentant du roi. Le Voromahery est décrit comme un chasseur, et non comme un prédateur. Au portail du Palais de la Reine à Antananarivo, les éperviers qui surplombent l'entrée sont supposés pouvoir provoquer une impression de puissance à ceux qui vont entrer dans l'enceinte du Palais (Rova) avec le déploiement, l'envergure de leurs ailes et de leurs griffes menaçantes à la mesure de ce qu'ils pouvaient bien signifier aux yeux des sujets royaux. Et à cet endroit, ils gardent le Rova, et au-delà, le royaume (Ravelomanana, 2018, p. 321).

Par ailleurs, la resistance spontanée des Malgaches aux colonisateurs français se situe aussi sur l'indifférence totale des nouveautés introduites par ces derniers dans la Grande Ile. C'est pourquoi les spectateurs malgaches déclarent que l'envol aérien du 7 juillet 1911 est une propre affaire des Français (rara vazaha), donc ils n'ont rien à voir avec le nom de l'appareil volant de l'administrateur-pilote Jean Raoult. Ils confirment la fracture sociale imposée par l'administration coloniale à travers le code de l'indigénat de 1904 utilisé par les deux gouverneurs généraux Gallieni de 1895 à 1905 et Augagneur de 1905 à 1910 (Fremigacci, 2013, p. 351). Autrement dit, ils sont présents à Androhibe non seulement par curiosité mais également malgré eux. En 1908, la situation socio-politique à Madagascar annonce un calme relatif. Augagneur souligne : « La société malgache se rapproche plus qu'il y a cinq ans du type d'une société régulière (sic) [...] la population indigène est chaque jour plus exactement adaptée aux lois que nous lui avons imposées. La tranquillité est complète dans toute la colonie, les indigènes sont en général dociles » (Fremigacci, 2013, p. 259). Cette adaptation des Malgaches à l'ordre colonial se traduit par une obligation pour éviter des problèmes car en réalité les Tananariviens qui souhaitent conserver leur autonomie, acceptent mal l'hégémonie française dans le territoire de leurs ancêtres (Crenn, 1995, p. 171).

Enfin, l'évocation de la « libellule » signifie une expression de rancune envers le milieu colonial à Madagascar qui vit dans la liberté et l'euphorie partout dans la Grande Ile. En fait les Tananariviens sont submergés par les différentes fêtes coloniales (fêtes sportives, fêtes des enfants, fêtes des fleurs, fêtes de charité, fêtes-dieu) qui marquent « la francisation de l'île et de ses habitants » depuis l'époque de Gallieni (Tirefort, 2013, p. 37). « Les manifestations de ce genre entretiennent chez les Malgaches un attachement à leur culture, sinon une nostalgie du passé » (Esoavelomandroso, 1986, p. 135). Certains spectateurs malgaches établissent un rapprochement entre la libellule et le Blériot XI à travers leur morphologie notamment leur corps allongé. Mais, la qualification de libellule n'est pas gratuite, car le vol du monoplan de l'aviateur Raoul de ce 7 juillet 1911 se termine, lors de son atterrissage, par un accident avec dégâts matériels. Implicitement ces témoins directs font allusion au proverbe malgache : *Miriorio foana ny angidina fa any an-kady no hiafarany*. Littéralement, cela signifie : La libellule voltige partout mais elle finit finalement dans le fossé. Par ailleurs, le « etc. » signifie que les Français présents à Androhibe, entre autres le journaliste et le photographe du *Progrès de Madagascar*, le mécanicien Coemme, le général Riou, commandant supérieur des troupes du groupe de l'Afrique orientale française, entendent d'autres qualifications de l'aéroplane mais ils retiennent ceux qui tournent autour de leurs centres d'intérêt ou ceux qui leur touchent dans leur for intérieur (Reporter, 1911, p. 3).

Bref, la réaction à chaud des Malgaches en voyant le Blériot XI survolant le ciel de Tananarive est le résultat d'une frustration ancrée dans leur subconscient et qui prend forme à travers des mots imagés. Ils rappellent à l'autorité métropolitaine qu'ils se trouvent chez eux et ont leur mot à dire sur ce qui se passe dans leur patrie et restent Malgaches attachés aux mœurs et traditions de l'ancienne monarchie merina même s'ils sont qualifiés d'indigènes.

I.2.2 – Résistance passive

La résistance passive des Malgaches à travers l'introduction de l'aéroplane en 1911 se trouve dans l'emploi d'un double langage : maintien des vocabulaires techniques français prononcés comme des mots malgaches et création de propre vocabulaires techniques malgaches. La raison est que les journalistes malgaches qui écrivent des sujets sur l'aviation entendent s'adresser au public indigène sans s'éloigner des termes utilisés par les colonisateurs afin de justifier leur neutralité.

En effet, après l'échec de Jean Raoult entre 1911-1912 et la Première Guerre mondiale (1914-1918), l'aviation est de retour dans la Grande Ile dans les années 1920 avec la réussite de la première liaison aérienne par hydravion conduit par le lieutenant de vaisseau Bernard et le mécanicien Bougault et par avion par le commandant Dagnaux et le mécanicien Dufert (Gasparin, 1927, 10). Les Malgaches sont attirés par les nouveautés introduites par la métropole. Ainsi, les Tananariviens viennent massivement assister à l'arrivée de l'hydravion Lioré-Olvier du lieutenant Bernard et du maître principal Bougault (Ravalitera, 2018, p.1). Le témoignage de Bernard le justifie : « Le 4 décembre, nous atterrissons à 3 kms de Tananarive sur le lac Mandrocèze salués par les ovations de 80 000 personnes enthousiastes » (Bernard, 1927, p. 219).

Le fait est que les Malgaches récupèrent le vocabulaire « aéroplane », largement utilisé avant 1919, en le « malgachisant » à leur façon en *aeroplanina*, *aéroplanina* ou encore *roplanina*. L'explication que l'on peut avancer à cette situation se trouve dans la difficulté de traduction des deux termes « avion » et « hydravion » à cause de leur consonance difficilement compréhensible aux Malgaches. D'où le recours à l'appellation « aéroplane » facilement prononçable et adaptable par les natifs de la Grande Ile. En fait, beaucoup de verbes malgaches se terminent par «-nina ». Citons quelques-uns : *manina* (qui signifie regretter), *mitanina* (se chauffer) *mianina* (se contenter), *mandamina* (planifier ou arranger).

I.3 – Hybridation et cohabitation linguistique

A partir des années 1930, les Malgaches notamment les intellectuels et journalistes écrivent à travers leurs propres sources leurs visions du monde. Dans le domaine aéronautique, ils développent des lexiques hybrides, mélangeant français et malgache. Cette cohabitation linguistique permet de comprendre les instructions techniques imposées, de conserver une identité linguistique et culturelle et de transmettre les savoirs aux générations suivantes. C'est un acte de résistance douce, car ils réapproprient la langue imposée tout en affirmant leur autonomie cognitive. Les Malgaches ne se contentent pas d'utiliser les mots français tels quels. Ils les traduisent ou les adaptent à la phonologie locale pour les rendre compréhensibles et prononçables.

Ainsi, le journal bilingue hebdomadaire *Ny Rariny* ou *La justice, organe républicain, d'éducation sociale et morale* du médecin Jules Ranaivo de l'Association Franco-malgache qui lutte pour l'intégration de la Grande Ile à la métropole, offre une tribune à la résistance des Malgaches à la colonisation française dans le domaine linguistique en matière d'aviation à travers les articles contenant des vocables mélangés « aeroplanina », « roplanina », avion, hydravion. « Ranaivo apparaît comme un homme-clé de l'évolution de son pays ; il impose en 1934, le retour aux journaux rédigés en malgache » (Koerner, 2008, p. 227).

Parallèlement, le pasteur Ravelojaona apporte sa propre vision de l'aéronautique en mentionnant son vocabulaire sur l'aviation. Il était à Paris, à 16 rue Mayet, au début de la Seconde Guerre mondiale en tant que représantant de la Population malgache au Conseil Supérieur de la France Outre-Mer et y négocie auprès du Ministre des Colonies de l'amélioration des conditions de vie des Malgaches (recrutement des médecins, couverture sociale...) et publie au journal *Ny Rariny* l'évolution de ses négociations.

La Seconde Guerre mondiale permet de comprendre le traitement de la langue française par les intellectuels malgaches notamment à travers les articles du journal *Ny Rariny*. Par exemple, le numéro 131 du jeudi 24 août 1939 de ce journal parle du problème de Dantzig en Pologne, territoire sous mandat de la Société des Nations depuis 1919 réclamé par l'Allemagne. Le Traité de Versailles donne ce territoire à la Pologne pour accéder à la mer et Hitler le revendique en dénonçant l'injustice dudit Traité. Face à la menace allemande, les autres pays européens (France, Italie, Pologne) se préparent à la guerre et l'aviation réalise des exercices dans cette optique :

> Tsy mitsaha-miomana i Frantsa
>
> Ny fanahiana ny hipoahan'ny ady no maresaka ao Frantsa fa efa tsy azo antoka intsony izay havoaky ny ampitso.
>
> Nampanaovina fanazara-tena ny mpiantafika amin'ny aéroplanina ka avy ao Frantsa no mihainga (sic) dia nanao sarin'ady nanafika an'i Angletera. Andian'aereplanina sesehana no nanao tamin'izany, tamin'ny Alakamisy 17 août teo, ka nandritra ny alina dia aeroplanina mpanjera baomba no niasa nanao fihetsehana namely an'i Londres sy tanan-dehibe hafa ; ny antoandro kosa dia seranana hafa ; ny antoandro kosa dia ny seranana amin'ny morontsirak'i Angletera no nanaovana sarin'ady nasiana, na dia nisy koa sarin'ady fanoherana koa ataon'ny tanana asiana amin'izany.

Traduction : La France se prépare constamment.

La peur de la guerre est omniprésente en France, mais l'avenir est incertain. L'armée de l'air fut entraînée et, depuis la France, elle décolla pour élaborer un plan d'attaque contre l'Angleterre. Un grand nombre d'avions décollèrent le jeudi 17 août et, pendant la nuit, des bombardiers effectuèrent des manœuvres pour attaquer Londres et d'autres grandes villes ; pendant la journée, d'autres ports ; le plan prévoyait d'attaquer les ports de la côte anglaise, bien que des contre-attaques fussent également prévues par les villes assiégées.

Dans sa lettre publiée le 14 décembre 1939, le Pasteur Ravelojaona rapporte la vie dans la capitale française à la fin de la première année de guerre :

> Mipetrapetraka ihany fiainana eto Paris. Tsy sahy mamely baomba ny tanàna tsy akory ny fahavalo noho izy matahotra ny valifaty. Ny azy koa mantsy, ny tanàna vaventy, indrindra fa ny tanàna vaventy fanaovan-taozavatra, dia be akaikin'nyvava-tany, mora takatry ny mpanidintsika. Koa raha tahiny izy mamely ny tanàna aty Frantsa sy any Angletera, ny tanàna sy ny toerana tsy tena fitoera-miaramila, dia tsy maintsy hotonafan'ny mpanidina frantsay sy angley ny azy fahavalo, hatramin'i Berlin renivohitra, ka tsy teliny izany, satria ny azy ny vahoaka efa manana saina mararirary ovana be ihany : ka raha sendra ny zavatra mahery fidona dia ahina tsy hahatanty fa hibarara. Dia tonga hendry tsy fidiny ry zareo fahavalo. Hita anefa fa tena « mandrovi-tsihy » marina izy (Ravelojaona, Ry Malagasy havana, *Ny Rariny*, n° 142, Jeudi 14 décembre 1939, 1).

> Traduction : La vie à Paris est stagnante. L'ennemi n'ose pas bombarder la ville par crainte de représailles. Après tout, leurs grandes villes, surtout industrielles, sont très proches de la frontière, facilement accessibles à nos pilotes. Ainsi, s'ils attaquaient des villes de France et d'Angleterre, des villes et des lieux qui ne sont pas de véritables bases militaires, les pilotes français et anglais devraient bombarder l'ennemi, même jusqu'à la capitale Berlin, ce qu'ils ne toléreraient pas, car leurs citoyens ont une mentalité très sensible : si quelque chose de puissant les frappe, ils ne pourront probablement pas le supporter et riposteront. L'ennemi devient alors involontairement sage. Cependant, il s'avère qu'ils sont en réalité des « frustrés».

Dans un article « Un délégué malgache », de son numéro 1, 5ᵉ année, Nouvelle Série du jeudi 6 septembre 1945, à la première page, le journal *Ny Rariny* rapporte :

> Nous apprenons que M. Raseta Ravelomanantsoa Assistant Principal ira à Paris en qualité de Délégué de la Classe Ouvrière de Madagascar à

la Conférence Ouvrière Mondiale. Il prendra l'avion probablement dans la première quinzaine de ce mois.

Mais finalement Raseta Ravelomanantsoa n'a pas été autorisé par le médecin à assister à cette conférence pour des raisons médicales.

La question de Dantzig débouche sur la Seconde Guerre mondiale. Hitler se sent humilié par l'attribution de ce territoire, autrefois appartenant à l'Allemagne, au Pologne en vertu du Traité de Versailles issu de la Première Guerre mondiale. Pour la Pologne, la possession de Dantzig est une importance vitale pour l'accès à la mer Baltique. En 1939, Hitler revendique la retrocession de ce territoire à l'Allemagne. La France et le Royaum-Uni refusent cette retrocession. Le 1er septembre, l'Allemagne envahit la Pologne pour faire valoir son droit. La Seconde Guerre mondiale s'éclate. Le journal *Ny Rariny* publie des articles en malgache rapportant l'évolution de ce conflit.

Tableau 12 : Récapitulatif de la construction des vocabulaires aéronautiques à partir de 1939 à 1945

Termes	Producteur	Fréquence	Source	Date
Aeroplana	Journaliste	9	Ny Rariny, n°s 134, 135	Année 1939 : 5 octobre, 19 octobre
Aereplanina	Journaliste	3	Ny Rariny, n°s 131, 135	Année 1939 : 24 août, 19 octobre
Aéroplanina	Journaliste	1	Ny Rariny, n° 131	24 août 1939
Aeroplanina	Journaliste	79	Ny Rariny, n°s 121, 122, 124, 130, 131, 133, 134, 136, 137, 138, 139, 140, 141, 142, 143	Année 1939 : 1 juin, 8 juin, 22 juin, 17 août, 24 aôut, 7 septembre, 5 octobre, 2 novembre, 9 novembre, 16 novembre, 23 novembre, 30 novembre, 7 décembre, 14 décembre, 21 décembre
Aoroplanina	Journaliste	2	Ny Rariny, n°s 142, 143	Année 1939 : 14 décembre, 21 décembre
Avion	Journaliste	10	Ny Rariny n°s 140, 141, 142; n° 1(nouvelle série)	Année 1939 : 30 novembre 1939, 7 décembre, 14 décembre ; Année 1945 : 6 septembre
Aviom	Journaliste	1	Ny Rariny, n° 143	21 décembre 1939

Fanidinana	Journaliste	1	Ny Rariny, n° 139	23 novembre 1939
Hydravion	Journaliste	5	Ny Rariny, n°s 140, 141, 142, 143	1939 : 30 novembre, 7 décembre, 14 décembre, 21 décembre
Manidina	Journaliste	1	Ny Rariny, n° 139	23 novembre 1939
Moteurs	Journaliste	1	Ny Rariny, n° 143	21 décembre 1939
Mpanidina	Pasteur Ravelojaona	2	Ny Rariny, n° 142	14 décembre 1939
Mpitaingina aeroplanina	Journaliste	1	Ny Rariny, n° 143	21 décembre 1939
Mpitondra (pilotes)	Journaliste	1	Ny Rariny, n° 143	21 décembre 1939
Roplanina	Journaliste	1	Ny Rariny, n° 140	30 novembre 1939
Seranana	Journaliste	1	Ny Rariny, n°s 131	24 août 1939
Voyageurs	Journaliste	1	Ny Rariny, n° 138	16 novembre 1939

De ce tableau, on peut conclure l'existence d'un vocabulaire fréquemement utilisé avec des variantes. Il s'agit de « aeroplanina » avec aéroplanina, aereplanina, aeroplana, roplanina, aoroplanina. Ces mots sont au nombre de 95. La question que l'on se pose est la suivante : Pourquoi, en 1945, les journalistes malgaches choisissent-il ce nom ou ses variantes qui pour nommer l'avion alors que ces termes proviennent de l'aéroplane qui existait dans la Grande Ile en 1911 ? L'aéroplane est différent de l'avion, même si les deux appareils sont des aéronefs. C'est l'autorité militaire en France qui impose l'usage du mot avion dans les textes officiels en 1919. En outre, ce mot est difficilement traduisible dans la langue malgache, c'est ainsi que les journalistes malgaches préfèrent le maintenir au lien de le malgachiser. Par ailleurs, l'utilisation du mot avion dans le journal par ces journalistes est justifiée par la ligne éditoriale suivie par son propriétaire, le médécin Jules Ranaivo, qui prône l'obtention de la nationalité française pour tous les indigènes.

Durant la colonisation, la vision des Malgaches sur l'aviation évolue avec le temps : au départ, elle était le fruit d'une réaction à chaud des jeunes Tananariviens attirés par la curiosité et sous pression puis devient, par la suite, un travail réfléchi et vigilant des intellectuels et élites malgaches à travers la presse. Cette stratégie permet aux Malgaches de reconquérir symboliquement le savoir technique, en créant un vocabulaire aéronautique qui leur est propre. Certains termes techniques sont détournés pour créer des équivalents imagés ou humoristiques, ridiculisant implicitement la suprématie coloniale. La langue française imposée devient instrument de créativité et de contestation. Les intellectuels malgaches approprient culturellement la modernité française dans le domaine de l'aviation. Ils cherchent à intégrer les nouveautés de l'aéronautique sans renier leur identité linguistique. Le néologisme apparaît comme un moyen pour traduire l'inédit dans un cadre culturel local.

II. – PREOCCUPATIONS LINGUISTIQUES DE LA FRANCE METROPOLITAINE

Les gouverneurs généraux de Madagascar successifs (Gallieni, Augagneur, Picquié…) qui développent des infrastructures stratégiques (routes, réseaux ferroviaires, ports, aéroports) pour faciliter le transport des ressources naturelles vers la métropole et soutenir la présence militaire et commerciale française utilisent le français à travers leurs productions écrites (journaux officiels, rapports et compte-rendu divers).

II.1 – L'appropriation de la langue malgache par les Français

La maîtrise des parlers malgaches constitue une exigence pour les Français qui se rendent à Madagascar qu'ils soient voyageurs, missionnaires, industriels. Leur objectif commun est de comprendre les us et coutumes des Malgaches.

II.1.1 – Motivations de l'apprentissage

Au lendemain de la conquête coloniale, en 1896, le français devient langue officielle et d'administration à Madagascar. Par nécessité, les colonisateurs doivent apprendre le malgache pour administrer, comprendre et contrôler les Malgaches de statut indigène. Les administrateurs coloniaux doivent communiquer avec la population, et avec les chefs de villages. Ils apprennent le malgache pour collecter l'impôt, recruter des travailleurs, transmettre les ordres, etc. En fait, apprendre le malgache permet aussi de contrôler plus efficacement la population et de diffuser les idées coloniales. La connaissance du malgache sert à influencer la société (enseignement, presse, propagande) tout en imposant progressivement le français comme langue du pouvoir. C'est pourquoi, la France a mis en place à Madagascar, en 1895, une Ecole d'Interprètes dans le but de mieux connaître les mœurs et coutumes des Malgaches. Et, par arrêté du 20 octobre 1897, Gallieni crée un cours public de langue, confié à Gustave Julien, destiné aux fonctionnaires, missionnaires et colons.

Ainsi, en 1903, l'administrateur Gabriel Ferrand publie un *Essai de grammaire malgache* de 263 pages destiné à l'usage de l'administration coloniale. Il souligne dans cet ouvrage que « le malgache est une langue agglutinative du groupe Malayo-Polynésien » (Ferrand, 1903, p. 3). De son côté, Gustave Julien (1870-1936), administrateur des colonies, ancien interprète militaire du Corps expéditionnaire, ancien interprète principal du Gouvernement général de Madagascar et Dépendances, et chargé de cours à l'Ecole coloniale ainsi qu'à l'Ecole Jules Ferry, joue un rôle stratégique dans l'apprentissage du malgache par les Français. En 1907, il publie son *Précis théorique et pratique de langue malgache pour faciliter l'usage rapide du Hova clef des autres dialectes,* préfacé par Alfred Grandidier. Selon lui, en élaborant cet ouvrage, il rend hommage à Le Myre de Vilers, fondateur de l'Ecole et du Corps des Interprètes et à Gallieni, protecteur et propagateur des études de langue malgache. Par ailleurs, la préface d'Alfred Grandidier éclaire les objectifs de l'administration en apprenant le malgache :

> La langue malgache inspire aujourd'hui [en 1907] de l'intérêt à tous ceux officiers, fonctionnaire de tout ordre et colons, qui sont appelés à vivre à Madagascar et qui, déjà fort nombreux, le deviendront de plus en plus… La connaissance du malgache est, depuis que nous avons pris possession de cette île, indispensable pour un grand nombre de personnes que leurs intérêts ou leurs fonctions y appellent (Gustave, 1907, VII).

Pour sa part, en rédigeant ce document, Gustave Julien explique :

> Les jeunes générations, mieux orientées vers les nécessités pratiques de la vie savent que dans notre immense domaine d'outre-mer un champ d'action presque illimité s'offre aux initiatives hardies et aux activités intélligentes. Mais une condition inéluctable du succès se pose dès le début : la connaissance des idiomes parlés dans les pays où l'on va s'établir (Gustave, 1907, XI-XII).

En 1950, une bande dessinée intitulée *Gallieni, ilay sakaiza tia an'i Madagasikara,* écrite entièrement en malgache et imprimée en France, présente les œuvres et les réalisations de cette personnalité française à Madagascar à son époque jusqu'en 1949. Elle dénonce toutefois la situation sociale de la Grande Ile durant la période du Royaume de Madagascar (esclavage, impôts insupportables, détournement des biens par les grands de l'Etat royal, problèmes de santé, etc. Cette bande dessinée rapporte également la contribution de l'aviation dans le développement de Madagascar :

> « … dia nampandefa aeroplanina eto Madagasikara. Tsy misy afa-tsy dia indray andro intsony amin'izao fotoana izao no mampisaraka ny Nosy Lehibe amin'i Eoropa…. Izany hoe fotoana lany taloha raha miala eto Antananarivo ho ao Arivonimamo… Amin'izao fotoana izao, ny marary voakaikitry ny alika romotra, izay tsy maintsy matin'io aretina mahatsiravinao io tsy fidiny teo aloha raha toa ka mihoatra ny zato kilometatra avy eto an-drenivohitra no misy azy, dia azo taterina ao

anatin'ny ora vitsivitsy mankao amin'ny Institut Pasteur mba handray ny fitsaboana ilaina, noho ny aeroplanina. Mora dia mora arak'izany koa ny fifandraisana amin'ny paositra. Koa afaka mifandray haingana ny mponina amin'izy samy izy sady vola kely no aloha, ny Avaratra afaka mifandray amin'ny Atsimon'ny Nosy ary ny Atsinanana amin'ny Andrefana, na dia tsy te hampiasa ny telegrafy na ny telefona aza izy ireo » (Gallieni ilay sakaiza tia an'i Madagasikara, 1950, p. 10).

Traduction
Autrefois, des avions étaient envoyés à Madagascar. Il ne se passe plus qu'un seul jour désormais qui sépare la Grande Ile de l'Europe... Autrement dit, le temps où l'on mettait beaucoup de temps pour aller d'Antananarivo à Arivonimamo est révolu... Aujourd'hui, un malade mordu par un chien enragé — maladie terrible qui autrefois causait systématiquement la mort si l'on se trouvait à plus de cent kilomètres de la capitale — peut être transporté en quelques heures à l'Institut Pasteur de Madagascar pour recevoir les soins nécessaires, grâce aux avions. Il en va de même pour les services postaux : les habitants peuvent communiquer rapidement entre eux, et pour peu d'argent, le Nord peut joindre le Sud de l'île, l'Est joindre l'Ouest, même s'ils ne veulent pas utiliser le télégraphe ou le téléphone.

Source: Gallieni ilay sakaiza tia an'i Madagasikara, 1950, p. 10

L'apprentissage du malgache par les Français s'inscrit dans l'optique de la propagande coloniale. Les indigènes connaissent entre autres les réalisations de la France métropolitaine dans le domaine aéronautique à travers les documents écrits en leur langue. Ce document *Gallieni, ilay sakaiza tia an'i Madagasikara* qui rapporte les mesures prises par Gallieni et ses successeurs dans le développement de l'aviation contient à la fois des « mots purement malgaches », des « mots français malgachisés » (Eoropa, aeroplanina, paositra, kilomètre, telegrafy, telefona), et des mots en français (Institut Pasteur).

En fait, l'installation et le développement du réseau aérien commercial régulier reliant la France à Madagascar s'effectuent dans les années 1930. Au début de la Seconde Guerre mondiale, les passagers à destination de Tananarive peuvent prendre les avions de la Compagnie nationale française Air France. En outre, à la fin des années 1940, les Français installés à Madagascar et les Malgaches sont rassurés des couvertures sanitaires déployées par le pouvoir colonial.

II.1.2 – Attribution des noms aux appareils

Albert Picquié, gouverneur général de Madagascar de 1910 à 1914, soutient activement le développement de l'aviation. Il envoie Raoult en France pour obtenir son brevet de pilote et organise l'acquisition de deux aéroplanes Blériot type XI à Tananarive, identiques à celui utilisé par l'aviateur-constructeur Louis Blériot pour la traversée de la Manche en 1909. Ces aéronefs sont prévus utilisés pour établir une liaison postale rapide entre Tananarive et Fianarantsoa et pour école de pilotage dans la capitale. En outre, Raoult construit sur le plateau d'Androhibe, près de Tananarive, le premier aérodrome de Madagascar. Il publie un article rapportant son premier vol à Madagascar et donne des éléments. « Le jour de ma première envolée, un service d'ordre très sérieux fonctionnait pour éviter toutes chances d'accidents. Pousses et filanzane devaient rester en dehors du champ d'aviation » (Raoult, 1911, p. 600). Cette initiative s'inscrit dans un contexte où les autorités coloniales françaises cherchent à exploiter les potentialités de l'aviation pour renforcer leur contrôle et améliorer les communications dans la Grande Ile.

Les faits marquants de l'aviation à Madagascar dans le domaine linguistique comprennent essentiellement la campagne de collecte d'argent ou la souscription pour l'achat des avions destinés au Maroc en 1912 et la reprise de l'aviation à partir de 1926.

En 1912, la France oblige la colonie Madagascar à soutenir le Maroc sur le plan aéronautique. D'abord, à la suite du traité de Fès du 30 mars de cette année entre le gouvernement métropolitain et le sultan Abdelhafid, instaurant le protectorat français, les tribus du Moyen-Atlas et du Rif se révoltent contre ce sultan et assiègent la capitale impériale, au mois de mai (Vermeren, 2013, p. 89). Face à cette situation, le général Lyautey, nommé en avril commissaire résident général du nouveau protectorat, confirme l'utilité des aéroplanes pour accompagner les « futures colonnes expéditionnaires » (Pernot ; Villatoux, 2000, p. 91). Ensuite, après l'échec des essais de vols du pilote-administrateur Jean Raoult en 1911 dont l'objectif est de mettre en place un service d'aviation et une école d'aviation dans la Grande Ile, la France métropolitaine impose son droit de cité en exploitant la présence de l'aviation dans les mœurs de la population malgache et en impliquant le gouverneur général et son collègue Raoult dans une campagne de collecte d'argent. L'objectif est de doter trois appareils à l'armée française pour le compte du Maroc (Prade, 1913, p. 48).

Ainsi, en 1912, le Comité National d'Aviation Militaire de Madagascar, une branche Comité d'Aviation militaire de France, appelle tout le monde à souscrire en faveur de l'aviation française notamment pour l'achat de trois avions destinés les nouvelles unités aériennes de la cinquième arme » au Maroc (Prade, 1913, p. 48). A la fin de la souscription, au mois d'août, le Comité National d'aviation militaire de Madagascar et les comités européen et malgache obtiennent 75 000 francs, une somme suffisante pour se procurer trois appareils (Prade, 1913, p. 47).

Le 2 novembre 1912, sur accord de l'inspection permanente de l'aéronautique, l'Armée française choisit trois des appareils exposés au Salon de l'Aéronautique à savoir un aéroplane (un Blériot) et deux avions (un Maurice Farman et un Henri Farman) (Anonyme, 1913, p. 1).

Le 19 décembre, le Comité d'aviation militaire de Madagascar fait connaître au Ministère de la Guerre que les trois appareils retenus porteront les noms de « Picquié », « Madagascar » et « Emyrne». Par lettre du 6 décembre 1912 du Général Directeur du Génie pour le Ministre de la Guerre et par son ordre à Grandjean, Secrétaire du Comité d'aviation de Madagascar relative à l'ouverture d'une souscription, le Ministre concerné, représenté par le Directeur du Génie, remercie ledit Comité de « sa généreuse et féconde initiative » et l'informe qu'il va demander une autorisation au Président de la République pour recevoir le don de la population française et des Malgaches (Anonyme, 1913, p. 1). Toutefois, s'il ne fait pas objection à la dénomination de deux appareils, il n'accepte pas celle du premier. Il déclare qu'il a posé comme règle qu'aucun avion ne porterait le nom d'un personnage vivant ou d'une firme industrielle ou commerciale (Anonyme, 1913, p. 1). Par lettre du 6 décembre 1912 du Général Directeur du Génie pour le Ministre de la Guerre et par son ordre à Grandjean, Secrétaire du Comité d'aviation de

Madagascar relative à l'ouverture d'une souscription. Ainsi, « Picquié » est remplacé par « Le Tananarive » (Anonyme, 1913, p. 1).

La Commission de réception technique conclut des résultats satisfaisants des trois appareils après essais de vols de réception (endurance, capacité). Ces trois appareils offerts au Gouvernement par le Comité d'Aviation Militaire de Madagascar sont livrés à l'Armée française et affectés au Maroc (Anonyme, 1913, p. 1).

Le Chef du Cabinet civil Robert Billecard remercie au nom du Résident général du Maroc le général Lyautey, le Comité d'Aviation Militaire de Madagascar (Anonyme, 1913, p. 1).

Techniquement, les trois appareils que l'administrateur des colonies Grandjean remet lui-même à la Direction de l'Aéronautique à Paris sont performants car ils sont produits par les trois constructeurs reconnus de la métropole et essentiellement à usage militaire. L'aéroplane *Le Madagascar* est un monoplan biplace tandem fabriqué par Louis Blériot de 80 CV à moteur Gnome. L'avion *L'Emyrne* est un biplan biplace construit par le franco-britannique Henry Farman de 80 CV, type militaire 1910. Et l'avion *Le Tananarive*, un biplan biplace, 70 CV, type militaire 1910, vient de la maison Maurice Farman, frère de ce dernier (Anonyme, 1913, p. 1).

Evidemment, l'attribution de nom aux trois aéronefs constitue un tremplin pour l'autorité coloniale afin de répondre à l'étiquette attribuée par les Malgaches l'année passée c'est-à-dire en 1911. Cette contre-attaque prend la forme d'une francisation des toponymies malgaches ayant un caractère officiel et d'une manière perenne.

En fait, la francisation de l'orthographe des termes vernaculaires malgaches commence avant la colonisation française mais elle est une entreprise difficile. Selon Dez, les problèmes de la traduction de la Bible se posent dès le début du 19e siècle et même avant (1991, p. 59). Et il ajoute que le problème de créativité lexicale s'est de tout temps posé dès lors que Madagascar était en contact avec les Européens (Dez, 1991, p. 59). L'autorité coloniale dans la Grande Ile s'efforce alors de franciser des noms malgaches d'une part afin de s'identifier au sein de l'empire français et d'autre part, pour imposer sa notoriété au sein de la colonie.

Enfin, dans sa production linguistique, le Comité National d'Aviation Militaire de Madagascar récupère une appellation utilisée avant la période coloniale car, en 1891, l'interprète Julien, qui effectue un voyage dans la partie orientale de la Grande Ile jusqu'aux Hautes terres centrales utilise à la fois Tananarive et Antananarivo pour nommer la capitale du Royaume de Madagascar (Julien, 1891, p. 222). Il s'agit d'une reconnaissance à ce pionnier français dans son exploit et son travail pour les générations futures. Ainsi, avec l'introduction de l'aviation dans la Grande Ile en 1911, dans le contexte de la colonisation au sein de l'empire français, la francisation de la toponymie malgache se formalise. Et cette francisation des noms malgaches perturbe les Tananariviens qui vivaient au XIXe siècle dans une société fortement hiérarchisée composée de nobles, roturiers et esclaves et confirme le déclin du pouvoir merina qui domine autrefois les autres populations de la Grande Ile (Ayache, 1981, p. 836).

La Première Guerre mondiale signe un arrêt à cet élan de l'aéronautique à cause de la préoccupation du gouverneur général Augagneur à ce conflit.

II.1.3 – Francisation et malgachisation de l'aviation

La reprise de l'aviation dans la Grande Ile à partir de 1926 constitue une alerte pour l'autorité coloniale dans la gestion des vocabulaires aéronautiques. Pour la métropole, le fait de garder ces termes signifie une politique de charme pour faire adhérer les Malgaches aux réalités coloniales. Les Français récupèrent les mots utilisés par les Malgaches pour désigner l'aéronef. À la fin des années 1920, à travers la presse coloniale, ils ressuscitent le vocabulaire *papango* rapporté par le journaliste du *Progrès de Madagascar* en 1911 pour baptiser l'aéroplane en le francisant par « papangue » et emploient en même temps le mot voromahery qui signifie aigle royal en recourant à la parabole avec les noms des oiseaux : « En ordre de départ se trouvaient le coquet oiseau blanc de M. le Gouverneur général, la papangue bleue de l'Aéro-Club et les gros voromahery qui ont permis de placer Madagascar à dix jours de Paris » (Anonyme, 1934, p. 4).

La francisation du mot « papango » utilisé par les Malgaches pour nommer l'aéroplane par « papangue » et celle de « borizano » pour désigner les porteurs des *filanjana*[7] et dans une large mesure les gens des Hautes Terres centrales de la Grande Ile par « bourjane » signifient en outre une inculturation de ces mots dans le langage colonial. Ces mots figurent parmi les termes maintenus par les colonisateurs dans leur originalité au même titre que « kabary » (Rajaspera, 1990, p. 34). En 1891, l'interprète Julien signale l'existence de quelques rapaces dont les papangues (*milus oegyptus*) (1991, p. 236). A partir de 1896, un effort d'assimilation de la culture malgache par l'autorité coloniale apparaît. Pour mieux maîtriser la velléité de résistance des Malgaches, la connaissance des mœurs et coutumes de chaque

---

[7] - Une sorte de chaise portée par plusieurs hommes utilisée du temps du Royaume de Madagascar pour parcourir la capitale et les provinces

population constitue une urgence pour le gouvernement général de Madagascar et Dépendances. Ainsi, l'apprentissage du malgache par les Français s'accélère mais ces derniers utilisent les vocabulaires de cette langue à leur façon soit en gardant délibérément le mot original, soit en les francisant. Par exemple, dans l'article de l'aviation du *Progrès de Madagascar* qui date de 1911, l'auteur emploie les mots malgaches *kabary* qui signifie « discours » en français et *vazaha*, un terme utilisé par les Malgaches pour désigner les Blancs, donc principalement les Français du temps de la colonisation et ne les met pas en italique, considérés ainsi comme vocabulaires familiers faisant partie de la langue française : « Lorsque nous rentrâmes en ville, ce fut avec une lenteur désespérante, tout le long de la route, les bourjanes, questionnaient nos traîne pousse ; y a-t-il un vazaha ou n'y en a-t-il pas et alors des kabary s'engageaient » (Reporter, 1911, p. 3).

Enfin, les journalistes français deviennent des utilisateurs assidus des vocabulaires malgaches codifiés ou non comme *papango* ou *voromahery*. Ainsi, dans la nouvelle *L'oiseau de malheur* de Michel Dorlys publiée en 1930, l'auteur raconte la danse du papango effectuée habilement par les enfants malgaches (Dorlys, 1930, p. 31). En outre, en 1931, le journaliste De Busschère rapporte l'exploit de l'aviateur Lefèvre à Madagascar en empruntant la parade d'un « papango » :

> S'il faut admirer sans réserve les beaux raids accomplis par Moench et Burtin… S'il faut tenir en particulier estime l'extraordinaire randonnée de l'aviateur Arrachart qui se promène en Afrique… que dire du coup d'audace déconcertant tenté par Lefèvre… ?
>
> … L'aviateur Lefèvre avait survolé Mahatsinjo à 150 km à vol d'oiseau de la capitale… Et vers dix-huit heures, à la tombée rapide d'un jour maussade, on vit le petit oiseau aux grandes ailes tournoyer avec grâce au-dessus de la Ville telle une papangue cherchant sa proie. C'était Lefèvre ! (De Busschère, 1931, p. 1).

Les Français expriment leur notoriété en personnifiant le « papango » par garde royale (Duschesne, 1896, p. 193). En fait, l'appellation francisée des mots vernaculaires malgaches apparaît ici comme un moyen d'adaptation aux réalités locales par le gouvernement métropolitain.

II.1.4 – La traduction des vocabulaires de l'aviation

Le retour de l'aviation à Madagascar à partir de 1926 bouleverse le système administratif colonial. La traduction officielle des vocabulaires aéronautiques devient une obligation pour le gouvernement général de Madagascar et Dépendances. Cettecodification officielle des vocabulaires constitue une imposition envers les indigènes qui sont obligés de les utiliser dans leur correspondance administrative mais elle n'a pas de base purement scientifique et ne se conforme à aucune méthodologie bien claire.

D'abord, la version officielle du gouvernement général se focalise sur la traduction utilisant plusieurs mots explicatifs. À titre d'illustration, dans les textes relatifs à l'application du nouveau régime domanial publiés en 1928, la direction des domaines, de la propriété foncière et du cadastre emploie à la fois aeroplanina et aeroplana pour traduire les articles en version française relatifs à l'aviation : « 15°… nampitondraina ny aeroplanina 15°… par la voie de l'air; 21° Na ny posta entin'ny aeroplanina,… ny lalana alehan'ny aeroplana eny amin'ny habakabaka… 21°…Des services postaux par voie de l'air…les routes aériennes…» (Direction des domaines, de la propriété foncière et du cadastre, 1928, p. 6 ; 12).

En outre, la traduction des textes officiels se base sur une politique d'adoption sélective selon les spécificités des mots. En effet, en 1940, Devaux et Meheust rédigent un document bilingue français-malgache de 80 pages, intitulé *Lectures sur les connaissances usuelles du gouvernement général de Madagascar textes français*. Dans ce document, ils préfèrent garder délibérément les mots vernaculaires sur quelques oiseaux : *vorompotsy*, *fody*, *vorondolo*, *papango*. Alors qu'ils peuvent utiliser « héron » pour le premier mot, « cardinal » pour le second, « hibou » pour le troisième , et « aigle de Milan » pour le dernier mot. Ils évitent ainsi le concept de « traduire » c'est « trahir ».

Nous reproduisons ici les textes en français et en malgache combinés sur l'avion élaborés par ces deux spécialistes dans le domaine de l'enseignement :

Les Avions

Ny avions.

Le trains et l'automobile se déplacent sur des chemins préparés à la surface du sol ; le paquebot va d'un pays à l'autre par la mer ; l'avion, inventé au début du vingtième siècle et perfectionné d'année en année, se déplace dans l'air, comme un oiseau.

Traduction : Ny train sy ny aotomobilina dia mandeha amin'ny làlana voavoatra ety ambonin'ny tany ; ny sambo miala amin'ny tany anankiray hankamin'ny anankiray hafa dia mandeha any ambony ranomasina ; ny avion kosa, izay noforonina tamin'ny voalohandohan'ny siekla faharoapolo ary mihalavorary isan-taona isan-taona dia mandeha eny amin'ny aera sahala amin'ny vorona.

La forme est d'ailleurs semblable à celle des oiseaux. Comme l'oiseau il a deux ailes mais leur envergure est immense, dix mètres et souvent davantage ; il se termine par une queue qui rappelle celle de l'oiseau ; dans le ciel, il fait penser à un oiseau. Aussi les Malgaches quand ils virent un avion pour la première fois le comparèrent-il à un « papango ».

Traduction : Sady ny bikany koa moa dia mitovy amin'ny an'ny vorona. Manana elatra roa mitovy amin'ny an'ny vorona izy, kanefa lavabe dia lavabe ny elanelan'ny tendron'elany roa mivelatra, misy folo metatra, ary matetika aza mihoatra ; rambo sahala amin'ny volombodin'ny vorona no faran'ny tenabeny ; raha eny amin'ny habakavaka izy dia vorona no ieritreretana azy. Any ka tamin'ny voalohany vao nahita avions ny Malagasy dia nampitahainy tamin'ny papango.

L'avion est mis en mouvement par un moteur à essence beaucoup plus puissant que celui des automobiles. Ce moteur fait tourner une hélice souvent placée à l'avant de l'appareil. Pour avoir une idée de la forme de l'hélice, tracez un 8 très allongé sur une feuille de carton mince, découpez-le puis tordez légèrement la boucle supérieure dans un sens et la boucle inférieure dans le sens opposé. L'hélice tourne à une vitesse si grande qu'on cesse de la voir et se visse dans l'air, à la façon d'un tire-bouchon qui pénètre dans le liège, entraînant l'avion avec elle. La vitesse de l'avion atteint souvent 300 à 400 kilomètres à l'heure et parfois davantage. A cette vitesse, grâce à ses grandes ailes, l'avion est soutenu dans l'air sans tomber de même que par un grand vent une feuille de carton soulevée du sol.

Traduction : Ny avion dia ampandehanin'ny moteur (milina maivana miteraka hery be dia be) miasa amin'ny lasantsy, izay mahery lavitra noho ny an'ny aotomobilina. Io moteur io dia mampihodina hélice anankiray izay eo alohan'ny avion matetika. Mba hamantapantarana ny bikan'ny hélice, dia manaova mariky ny 8 lavabe eo amin'ny baoritra manify anankiray, dia hetezo izy ka aolany maramora ny boribory ambony ary ny boribory ambany kosa aholana, mifanohitra amin'ilay voalohany. Mihodina haingana loatra ny hélice ka tsy hita maso intsony izy ary mitsofoka amin'ny aera tahaka ny fiditry ny tire-bouchon amin'ny tsentin-tavoahangy ary indaosiny momba azy ny avion. Ny hafainganan'ny avion matetika dia misy 300 hatramin'ny 400 kilometatra isan'ora ary indraindray mihoatra. Amin'izany hafainganany izany anefa, dia mihevaheva eny amin'ny aera ny avion azon'ny elany ngezabe ka tsy mety mianjera, dia sahala amin'ny baoritra voapaoka hiala amin'ny tany raha sendra mandrivotra mafy ny andro.

Un pilote conduit l'avion ; il conduit la marche du moteur et manœuvre les gouvernails qui font l'appareil monter, descendre, tourner à droite, à gauche.

Traduction : Mpandefa anankiray antsoina hoe pilote no mitondra ny avions ; mandanja ny fandehan'ny moteur izy ary mampiasa ny familiana hampiakatra na hampidina, na hampivily miankavanana na miankavia ny avion.

L'avion se pose sur le sol ou sur l'eau. Les avions qui se posent sur l'eau sont appelés hydravion. Pour que l'avion prenne son vol, le pilote met le moteur en mouvement ; l'avion roule alors sur les roues qui le supporte ou glisse à la surface de l'eau ; à mesure que sa vitesse augmente, les ailes s'appuient de plus en plus sur l'air et quand cette vitesse est suffisante, l'appareil quitte le sol ou l'eau : ils décollent comme disent les aviateurs. Le départ d'un avion et son atterrissage sont des opérations délicates qui exigent de la part du pilote beaucoup d'habileté et de sang-froid ; c'est pour cela que l'on prépare des terrains d'aviation spacieux, bien disposés, avec un sol égalisé de manière à permettre au pilote de manœuvrer aisément.

Traduction : Mipetraka ambonin'ny tany na ambonin'ny rano ny avions. Ny avions mipetraka ambonin'ny rano dia hatao hoe hydravions. Mba hampanidina azy dia alefan'ny pilote ny moteur ; dia mikoriana amin'ny kodiarana mitondra azy ny avions na misosa amin'ny rano ; arakaraky ny fitomboan'ny hafaingany no mahatonga hihamafy hatrany hatrany ny fiankinan'ny elany amin'ny aera, ary rehefa ampy izany hafaingany izany dia miainga tsy mikasika ny tany na ny rano intsony ny avions : « décolle » no ilazan'ny aviateurs izany fialana izany. Ny fiaingana sy ny fipetrahan'ny avion dia zavatsarotra ilam-pitandremana be dia be, ka tsy maintsy kinga dia kinga ary tsy mora taitra; ary izany no antony anamboarana tany midadasika, tsara toerana, mitovy tantana mba ahazoan'ny pilote manao moramora ny fihetsehana rehetra.

Un service d'aviation est organisé et maintenant les avions vont régulièrement de France à Madagascar. Un grand camp d'aviation est prêt à Ivato près de Tananarive ; de nombreux champs d'atterrissage ont été choisis et préparés. Les avions transportent le courrier entre les principales villes de la colonie et peuvent ainsi parfois prendre des passagers ; enfin l'aviation rend possible la liaison rapide avec la France. Ainsi Madagascar profite de l'une des plus belles et de plus récentes innovations.

Traduction : Efa misy izao fanaovan-draharaha momba ny avions aty. Etsy Ivato, akaikin'Antananarivo, dia efa misy tany midadasika voavoatra itobian'ny avions. Mitatitra ny courrier (taratasy sy entana alefa amin'ny paositra) ifampitondrana amin'ny tanàna lehibe eto amin'ny zanatany ny avions ary mahazo mandray mpandeha koa indraindray ; ary farany azo atao amin'ny avions ny mifankahazo haingana dia haingana amin'i Frantsa. Madagascar amin'izany dia mitsentsitra ny soa avy amin'ny anankiray amin'ireo famoronana fatratra indrindra sy vao hita haingana. (Devaux, 1940, pp. 67-68)

La traduction entreprise par Devaux, inspecteur de l'enseignement, donc un intellectuel et haut fonctionnaire mieux placé, qui travaille sur Madagascar depuis 1907, et Meheust, aux pages 67 et 68 concernant l'avion, peut être schematisée comme suit :

- Des mots français traduits en malgache en seul mot : carton en *baoritra*, roue en *kodiarana*, boucle en *boribory*, chemin en *làlana*, oiseau en *vorona*, ailes en *elatra* ; essence en *lasantsy*, forme en *bika ;*
- Des mots malgaches francisés traduits en version originale en malgache : Malgache en *Malagasy*, Tananarive en *Antananarivo* ;
- Un mot français malgachisé : France en *Frantsa* ;
- Des groupes de mots français traduits en groupes de mots malgaches : service d'aviation en *fanaovan-draharaha momba ny* avions, champs d'atterrissage en *tany midadasika voavoatra itobian'ny* avions ;

- Un mot introductif et explicatif en malgache d'un mot en français : *mpandefa* pour pilote ;
- Des mots français intraduisibles ou délibérément non traduits en malgache : avion, aviateur, hydravion, hélice, tire-bouchon, décolle, train ;
- Un mot français traduit en malgache par un mot composé : liège en *tsentsintavoahangy* ;
- Des mots français malgachisés : automobile en *aotomobilina*, siècle en *siekla*, air *en aera* ;
- Un mot malgache non traduit en français, mis entre parenthèse et sans parenthèse dans le texte en version malgache : « papango » ;
- Des mots en français non traduits en malgache mais avec explication et traduction en malgache : moteur en moteur (*milina maivana miteraka hery be dia be*), courrier en courrier (*taratasy sy entana alefa amin'ny paositra*) ;
- Une phrase en français non traduite en malgache, soit par erreur soit par omission volontaire : Maintenant les avions vont régulièrement de France à Madagascar ;
- Un adverbe en français traduit en malgache : légèrement en maramora, par erreur ou faute au niveau de l'imprimerie car *moramora* est le sens exact en malgache.

Quelques remarques peuvent être soulevées à partir de ce regroupement :

- L'inspecteur de l'enseignement Devaux et son collègue Meheuest n'osent pas s'aventurer dans le néologisme en produisant de nouveaux vocabulaires dans leur travail. Ceci est limité à des questions élémentaires dictées par une mission éducative mais pas purement technique ;
- Les Français s'efforcent de publier une version officielle sur l'aviation mais la traduction constitue un exercice difficile pour le gouvernement général de Madagascar et Dépendances. Cette difficulté est valable pour des textes en français à traduire en malgache et vice-versa. Elle se justifie par l'absence d'uniformisation de la langue malgache professée par les responsables français : Julien, Gerbinis, Montagne (Dez, 1991, p. 40). ;
- Les traducteurs français ne disposent pas de documents lexicographiques propres à eux. Ces sont les Malgaches notamment des religieux (pasteur Ramino en 1934, pasteurs Ravelojaona et Randzavola en 1937) qui s'investissent dans le domaine lexicogaphique à travers l'élaboration des dictionnaires (Dez, 1991, p. 41) ;

- Les deux traducteurs français n'exploitent pas les dialectes autres que le parler merina alors que plusieurs travaux (lexique vezo d'un auteur anonyme en 1906, un lexique bara de Jensenius en 1909, un lexique betsileo de Dubois en 1909 et 1921, un lexique antemoro de Mondain en 1910, un lexique antandroy de Decary en 1928, un lexique Sakalava de Fagereng en 1930, un lexique et grammaire antesaka de Deschamps en 1936) sont entamés dans ce sens (Dez, 1991, p. 44).

Ainsi, pour l'autorité coloniale, l'important n'est pas de produire des vocabulaires normalisés mais tout simplement des mots comprehensibles par les indigènes dans leur vie quotidienne.

II.2 – Linguistique et héroïsation

Durant la période coloniale, les Français imposent l'emploi de leur langue à Madagascar afin de transmettre leur idéologie de vainqueur. Ils entendent l'utiliser comme seule langue de technique et de l'administration et comme un outil efficace pour glorifier leurs œuvres civilisatrices mais ils se heurtent avec la présence de l'anglais.

II.2.1 – Introduction du français à Madagascar : à la rencontre de l'anglais

La langue française nait du *latin vulgaire* parlé par les populations de la Gaule Romaine à partir du Ier siècle avant Jésus-Christ. A partir du VIIIe siècle, le mot « Franc » ou plutôt *Franci* désigne les habitants de la Gaule du Nord et devient plus tard la France, le pays de Francs et sa langue nationale le « françois » avant de devenir le français.[8] Ce latin vulgaire subit les influences gauloises et franques et donne naissance au roman, ancêtre des langues d'oïl. Au IXe siècle, le français se distingue du latin à travers *le Serment de Strasbourg* en 842. Aux XIV-XVIe siècles, il évolue rapidement grâce à l'imprimerie lancée par Gutenberg en Europe et l'influence de la Renaissance. Il commence à s'imposer en tant que langue officielle utilisée par l'administration royale et langue de la Bible. Il domine les parlers locaux appelés patois régionaux (artois, wallons, champenois). Comme les autres langues (italien, espagnol, portugais), il est issu du latin de l'Empire romain. En effet, le roi

---

[8] - Leclerc, J. Histoire de la langue française, https://www.axl.cefan.ulaval.ca/francophonie/histlngfrn.htm consulté le 21/10/2025

François Ier ordonne l'emploi du français dans les actes administratifs à travers son *Ordonnance générale sur le fait de la police, de la justice et Finances* en 1539. Le cardinal Armand Jean du Plessis de Richelieu renforce le statut du français en tant que langue officielle en recommandant, en 1631, au médecin-journaliste Théophraste Renaudot la publication d'un journal en langue française et fonde, en 1635, l'Académie Française pour améliorer la structure de cette langue. Le français devient une langue de la diplomatie et de prestige en Europe. En 1694, dans un but de standardisation, le premier dictionnaire du français est diffusé. En 1790, dans son *Rapport sur la nécessité d'anéantir les patois et d'universaliser l'utilisation de la langue française*, l'abbé Henri-Baptiste Grégoire fortifie davantage le statut du français au détriment des parlers locaux. En outre, en 1792, par son *Rapport et projet de décret sur l'organisation des écoles primaires présentées à la Convention nationale au nom de son Comité d'Instruction publique*, le député François Lathenas impose unilatéralement l'utilisation du français mais en cas de force majeur, on pratique le bilinguisme (allemand-français) ou l'usage conjoint du français et de l'idiome du pays. En 1823, le français issu de la grammaire codifiée de Michel Noël et Pierre Chapsal et de l'orthographe de l'Académie Française, est utilisé dans l'enseignement. En devenant plus fort, il s'universalise et se propage dans plusieurs parties du monde, au Maghreb, en Asie du Sud-Est, dans le Pacifique, à Madagascar, à La Réunion.

Avant la colonisation française, l'anglais prédominait du fait des relations diplomatiques entre le Royaume de Madagascar et la Grande-Bretagne depuis le début du XIXe siècle. Cette langue est une langue germanique influencée par le latin de l'Eglise chrétienne introduite par les Anglo-Saxons arrivés en Grande-Bretagne au Ve siècle. Elle évolue ensuite avec la conquête normande de ce territoire en 1066 et s'enrichit de plusieurs mots français. Amélioré par la Renaissance et l'invention de l'imprimerie. Aux XVIe et XVII^è siècles, l'anglais se modernise avec l'apparition des grands auteurs comme Shakespeare. Plus tard, des règles de grammaire sont élaborées pour standariser cette langue qui commence à prendre de l'importance à travers le monde en Amérique du Nord, en Inde, en Australie, en Afrique, à l'Ile Maurice.

En 1817, Radama I est reconnu non seulement par les Britanniques mais aussi par la puissance étrangère comme Roi de Madagascar, autrefois royaume merina, suite à une entente avec la colonie de l'Ile Maurice, administrée par les Anglais depuis 1810 (Sanchez, 2015, p. 37). La même année, il signe un traité avec les Britanniques qui porte sur l'interdiction de la traite des esclaves dans le Royaume de Madagascar et reçoit en retour une aide financière. Dans le domaine de l'enseignement, les missionnaires de la *London Missionary Society* (LMS) arrivent dans les Hautes Terres pour s'occuper de la formation et de l'instruction des jeunes malgaches. Voilà comment la langue anglaise s'enracine dans l'Imerina, centre du Royaume de Madagascar. Parallèlement, Radama I construit son armée pour parachever la conquête de l'ile. En 1838, le Révérend William Ellis de la LMS écrit *History of Madagascar* en deux volumes. Entre autres, le premier volume évoque le traité anglo-merina du 23 octobre 1817, l'arrivée des missionnaires anglais (David Jones, David Griffiths, etc.) en 1818 pour moderniser l'Etat royal et le début des travaux linguistiques et éducatifs à travers la création d'écoles, l'introduction de l'alphabet latin pour écrire le malgache et les premières traductions de la Bible. Le deuxième volume souligne le progrès des activités missionnaires à partir de 1820, la réussite de la mission à travers l'alphabétisation, l'imprimerie et la traduction de la Bible.

Les Anglais apportent leur vision linguistique du malgache du temps du Royaume de Madagascar. En 1845, Baker élabore son *Essai de grammaire malgache*, imprimé à l'Ile Maurice. En 1885, le Révérend Edward William Cousins rédige son livre sur la grammaire malgache *A concise introduction to the Malagasy language*. Il possède son propre vocabulaire pour la toponymie. Par exemple dans le volume II, il écrit par : Madagascar, Mauritius, Tamatave, Tananarivo. En outre, dans l'introduction de son ouvrage *Madagascar. An historical and descriptive account on the Island and its formers dependencies*, Volume I, en 1886, l'officier britannique Samuel Pasfield Oliver, décrit longuement l'origine du mot Madagascar qui, selon lui, a été attribué par des gens de l'extérieur et accepté par les habitants de l'île.

Les auteurs anglais ont l'habitude d'employer les accents dans les noms en malgache dans l'écriture afin de faciliter la compréhension de la prononciation par les lecteurs. L'officier britannique Samuel Pasfield Oliver écrit : Mojangà, Antananàrivo (i avec accent également), Ranavàlona, Rainilàiarivony (accent sur le premier i, le troisième a, et sur le o), Rainivohininahitriniarivo (accent sur le premier o, le deuxième a et le cinquième i). De même, Samuel Pasfield rapporte un cours de malgache par J. Richardson en ces termes :

> "The consonants are as in English, except j = dz; g is always hard; I preceding g, ng h, k, nk, i follows for euphony, – e.g. Ikopa is pronounced Ikiopa".[9]

Au XIXe siècle, les Anglais élaborent également des dictionnaires anglais-malgache. Dans son travail, *A new Malagasy-English dictionary* publié en 1885, James

---

[9] - Accent sur o pour les deux noms.

Richardsons écrit à la page 453 : « No'sy. An island [Jav. and other Malayan dialects *nusa*]. Il entend explique l'origine asiatique de ce mot malgache.

Pourtant, le français commence à prendre de l'importance au sein du Royaume de Madagascar. En s'inspirant de l'ouvrage de Baker, le père J. Weber, en 1855, fait imprimer une grammaire élémentaire pour le compte de La Réunion. Le Père Laurent Ailloud de la Compagnie de Jésus, quant à lui, écrit *la grammaire malgache-hova*, à partir de 1863. La publication de ce livre qu'il qualifie d'*Etude sur la langue Malgache*, destiné aux missionnaires catholiques, en 1872, est assurée par l'imprimerie catholique de Tananarive. En 1886, Pierre Caussèque publie, à son tour, son livre sur la grammaire malgache.

A partir de 1896, le français devient une langue de pouvoir et de la technique. Dès 1911, il joue un rôle crucial dans la formation technique et aéronautique. Des journaux en français diffusent les nouvelles de l'aéronautique dans la Grande Ile. L'autorité coloniale impose la hiérarchie linguistique dans les pratiques professionnelles.

II.2.2 – Discours et littérature

L'aviation maritime française se développe à partir des années 1910 avec le premier vol en hydravion d'Henri Fabre le 28 mars et l'acquisition de son premier appareil, un biplan Farman piloté par le lieutenant de vaisseau Louis Byasson. Elle possède huit hydravions au Centre provisoire de Toulon, quatre hydravions au Centre provisoire de Byzerte et deux hydravions à bord du *Foudre* et commence ses opérations aériennes en Méditerranée et au Proche-Orient entre 1914 et 1916. Plus tard, l'aéronautique maritime se lance dans le projet de relier la métropole à la grande ile de l'océan indien par hydravion. Deux faits marquants justifient ce projet : d'une part le développement de l'utilisation de l'avion par la France dans de nombreux raids et d'autre part par les exploits des autres pays européens dans l'utilisation de l'hydravion (équipage portugais Cabral-Couthino en 1922 de Lisbonne à Rio de Janeiro, équipage italien De Pinedo-Campanelli de Naples à Rome en 1925…).

Le chef du Service central de l'Aéronautique maritime, le capitaine de vaisseau de Laborde, conçoit le voyage par hydravion France-Madagascar aller-retour qui reçoit l'approbation du ministre de la marine Georges Leygues et dont la faisabilité est appuyée par les informations fournies par la Société de Géographie et la Mission Citroën (Bernard, 1928, pp. 217-218).

L'objectif est d'inaugurer les liaisons aériennes France-Madagascar en passant par l'Afrique : « Il ne s'agit pas seulement de joindre Madagascar à la métropole en un vol rapide, mais aussi de rapporter une étude détaillée des plans d'eaux africains du point de vue de l'aviation » (« La belle leçon sportive de l'aviateur Guilbaud », 1927, p. 3) et enfin d'examiner les possibilités de liaison en hydravion des colonies africaines françaises.

En 1926, un regain d'intérêt se manifeste avec le premier amerrissage d'un hydravion à Mahajanga puis à Antananarivo, sur le lac de Mandroseza. Cet événement souligne le potentiel de l'aviation pour le transport et la communication dans une île aux infrastructures limitées. Ainsi, en cette année, un équipage conduit par le lieutenant de vaisseau Marc Bernard et le maître principal Bougault à bord d'un hydravion arrive à Madagascar. Cet exploit qui représente un moment emblématique constitue une prouesse technique et prend également une dimension symbolique et politique à travers les discours, la littérature et la mise en récit héroïque de leur arrivée. Plusieurs acteurs contribuent à la réussite de leur raid. Le lieutenant de vaisseau Bernard établit lui-même, au nom des deux aventuriers, un compte rendu officiel sur le déroulement de leur voyage aller-retour France-Madagascar à l'Académie de la Marine à Paris en 1927. Pour leur part, les journaux à Madagascar et en France racontent l'arrivée de cet équipage et une littérature dédiée à cet événement, notamment des poèmes, est également publiée.

II.2.2.1 – La vision du marin-aviateur Bernard

L'officier de la marine nationale et aviateur français Marc Bernard[10] joue dans le registre d'humilité. Propulsé par son ambition de rejoindre la France métropolitaine à la colonie Madagascar, il exprime sa propre vision de la première liaison aérienne par hydravion et se pose également comme porte-parole de son collègue, le maître principal Georges Bougault.

Dans sa communication à l'Académie de la Marine en 1927 sur le déroulement de son voyage avec ce dernier ainsi que leurs difficultés en cours de route, Bernard utilise délibérément le temps imparfait pour montrer à l'assistance que leur mission est bien finie. En tant que militaire, il reçoit des formations sur le respect de l'ordre et la discipline : « Le lieutenant de vaisseau Guilbaud et le premier maître Bougault montaient le premier ; accompagné du second maître Gara, j'étais moi-même à bord du deuxième appareil » (Bernard, 1928, p. 218).

---

[10] - (3 March 1899 – 16 August 1960)

Bernard devient chef d'expédition par la force des choses et ne s'attend pas à cette responsabilité confiée au départ à son collègue René Cyprien Guilbaud avec également le remplacement de son membre d'équipage :

> [...] La traversée de la Nigeria anglaise où, à mon grand regret, je suis obligé de me séparer de mon camarade Guilbaud, arrêté par une panne de moteur. Il me facilite ma tâche en me donnant son bras droit, le mécanicien principal Bougault, pour remplacer mon mécanicien fatigué et incapable physiquement de supporter la fin du voyage [...] (Bernard, 1928, p. 219).

Suresnes : Raid France Madagascar et retour
Source : https://gallica.bnf.fr/ark:/12148/btv1b90556914/f1.item.zoo
Agence de presse Meurisse Agence photographique 16 juillet 2024

II.2.2.2 – Les discours officiels

Les discours officiels sont également inspirés par l'aventure aérienne de Bernard et Bougault qui sont considérés comme des pionniers ouvrant de nouvelles voies pour l'aviation coloniale française. Les autorités françaises introduisent leur voyage dans un imaginaire où la conquête des airs est assimilée à une conquête coloniale car leur appareil représente le progrès et la modernité. Elles emploient le vocabulaire « randonnée », partant d'un point et revenant à ce point de départ, pour qualifier leur voyage.

Pour les deux marins, leur hydravion quitte l'étang de Berre, parvient à y revenir et se rend même dans la capitale pour annoncer officiellement leur réussite. En effet, Bernard et Bougault réalisent 265 heures de vol sur une distance de 28 500 km entre la métropole et la colonie Madagascar du 12 octobre 1926 au 14 janvier 1927.

Ainsi, constatant cette longue durée, au mois de février 2027, la municipalité de Paris offre à ces deux aviateurs une réception à l'Hôtel de Ville. Pour Pierre Godin, président du Conseil municipal, leur voyage signifie « splendide randonnée » :

> La Ville de Paris est fière et heureuse de vous recevoir. Elle se plaît à saluer, dans le magnifique exploit que vous venez d'accomplir, un haut fait digne des glorieuses traditions de cette marine française où la bravoure, l'endurance et l'audace sont constamment à l'ordre du jour…
>
> […] Elle n'oublie pas d'ailleurs que votre triomphe n'est pas seulement celui de l'héroïsme humain, mais aussi de la technique industrielle, puisque, fait unique, je crois, dans les annales du grand tourisme aérien, vous avez bouclé ce tour de plus de la moitié du monde avec le même hydravion et le même moteur. […]
>
> Quelle splendide randonnée, et bien faite pour enchanter les imaginations et pour émouvoir les cœurs, que celle dont nous célébrons aujourd'hui l'heureux achèvement ! […] (« Réception à l'Hôtel de Ville du Lieutenant de Vaisseau Bernard et du Maître principal de la Marine Bougault », 1927, p. 800).

Pour sa part, dans son discours, le préfet de la Seine Paul Bouju traduit le voyage de Bernard et Bougault par « expédition aérienne » :

> Paris se réjouit qu'une circonstance aussi solennelle lui vaille l'honneur de vous saluer dans son Hôtel de Ville. Cette expédition aérienne ajoute un chant à la magnifique épopée de l'aviation française au développement de laquelle notre marine nationale a pris une si large part. […] (« Réception à l'hôtel de ville du lieutenant de vaisseau Bernard et du maître principal de la Marine Bougault », 1927, p. 800).

En outre, l'hydravion piloté par les deux marins français est considéré par l'autorité française, à travers le Préfet de la Seine Paul Bouju, comme un « oiseau », c'est-à-dire maître du ciel ou des cieux et roi de l'espace :

> […] En amont du pont de Suresnes habitué aux exploits nautiques de nos canotiers pour qui le plus grand voyage est d'ordinaire limité à la boucle de la Marne, les Parisiens ont vu avec émotion se poser, comme en se jouant, votre grand oiseau blanc… […] (« Réception à l'hôtel de ville du

lieutenant de vaisseau Bernard et du maître principal de la Marine Bougault », 1927, p. 800).

II.2.2.3 – La presse coloniale et métropolitaine

La presse coloniale et métropolitaine donne une légitimité à la mission civilisatrice de la France. Les articles de journaux contribuent à l'idéalisation des faits coloniaux, des progrès techniques, les activités socio-économico-culturels. Ainsi, la presse métropolitaine s'empare du voyage effectué par l'équipage Bernard-Bougault dans la Grande Ile en 1926 pour en faire un récit spectaculaire. Dans cette optique, pour faire sensation aux lecteurs métropolitains et coloniaux, elle utilise plusieurs vocabulaires : raid, randonnée, expédition. En utilisant ces différents vocabulaires, les journaux français ont pour objectif de valoriser les intérêts économiques de Madagascar, de faire connaître la longévité de l'itinéraire réalisé par les deux marins, de découvrir les différentes villes de l'Afrique à travers les escales, et d'évoquer l'aspect symbolique et émotionnel du voyage des deux marins.

> [...] Une randonnée aérienne se poursuit actuellement... Il ne s'agit pas d'un raid de vitesse, mais d'un voyage d'études destiné à rechercher la meilleure voie en pays et colonies françaises pour relier la métropole à l'île de Madagascar » [...] (« Le raid France-Madagascar et retour », 1926, p. 1).

> « Les deux équipages [Guilbauld et Bougault, Bernard et Gara] passeront ici l'après-midi d'aujourd'hui à réviser leur appareil respectif avant de continuer demain leur randonnée » (« Le raid France-Madagascar en hydravion s'est poursuivi hier sans aucun incident : les deux équipages ont atteint Casablanca », 1926, p. 1).

II.2.2.4 – La propagande aéronautique

L'endurance du lieutenant de vaisseau Bernard et du maître Bougault à Madagascar, de l'hydravion Lioré-Olivier, leur raid aérien contribuent au prestige colonial, insistent sur la supériorité technique française et légitime l'occupation de la Grande Ile par la France civilisatrice. Au lendemain de la Première Guerre mondiale, la France valorise ses aviateurs et ses appareils pour impressionner les colonies et les autres grandes puissances aéronautiques comme les Etats-Unis, le Royaume-Uni et l'Allemagne. Dans les années 1920, l'aviation coloniale française contribue à la modernisation et au contrôle des colonies. Elle représente aussi la puissance métropolitaine. En effet, la Première Guerre mondiale (1914-1918) a constitué un véritable catalyseur pour le développement de l'aviation. Plusieurs aéronefs de haute performance (avions de chasse et de bombardement) sont produits par les grandes puissances (Etats-Unis, France, Allemagne, Royaume-Uni). A partir de 1919, des pilotes et mécaniciens participant à cette Grande Guerre sont disponibles pour les activités aéronautiques civiles.

La France constitue un grand empire colonial, avec des territoires en Afrique, en Asie et dans le Pacifique. Pour maîtriser ces espaces, elle utilise l'aviation militaire et civile pour une raison stratégique comme outil de contrôle et surveillance des colonies qui sont difficilement accessibles. En outre, l'aviation permet à la métropole de relier rapidement à ces colonies pour ses activités économiques. Enfin, elle confirme la présence française dans ses territoires coloniaux. C'est dans ce contexte que l'aviation coloniale française commence à se structurer au début des années 1920. Les essais pour la mise en place de l'aviation coloniale de la Grande Ile entamés depuis 1911 connaissent un arrêt brutal faute de l'appui de l'autorité centrale et de l'implication effective de la France et ses colonies à la Grande Guerre.

Le voyage de lieutenant de vaisseau Bernard et du maître Bougault à Madagascar en 1926 s'inscrit dans un environnement risqué et qui n'est pas encore maîtrisé par la France métropolitaine. Ils parviennent à effectuer 26 000 kilomètres à bord d'un hydravion avec des honneurs (légion d'honneur pour Bernard et officier pour Bougault). En effet, deux équipages de la Marine nationale (Guilbaud-Bougault et Bernard-Gara) effectuent le voyage aérien à Madagascar. Envoyés par le Ministère de la Marine, ils quittent l'étang de Berre en France, le 12 octobre 1926, mais seul l'équipage composé de Bernard-Bougault parvient à amerrir à Madagascar le 21 novembre car le chef de l'expédition, le lieutenant de vaisseau René Cyprien Guilbaud, à bord du CAMS 37 G4, abandonne en cours de route à cause d'une panne de moteur, à Lokodja, au Nigeria et le maitre principal Bougault rejoint Marc Bernard, à bord de l'hydravion Lioré-Olivier, pour la suite de la route aérienne vers Madagascar, après arrangement entre les deux chefs d'équipage.

D'abord, l'arrivée de l'hydravion à Madagascar constitue un événement majeur dans le domaine aéronautique. A Majunga, le lancement de l'amarre à l'arrivée par les deux Bernard et Bougault marque leur arrivée le 21 novembre 1926. Les Majungais se ruent vers le port pour apprécier l'appareil. Des personnalités locales sont également présentes sur le lieu et l'hymne national français est entonné par tout le monde pour donner un caractère officiel à leur présence. Pendant que l'hydravion

Lioré-Olivier H 13 se trouve sur les eaux calmes de la rade à l'ancien mouillage des tourpilleurs, « Majunga est en délire : indigènes et Vazahas. Les acclamations ont salué les hardis aviateurs au débarquement » (« Un nouveau succès de l'aviation française », 1926, p. 2). En outre, « un vin d'honneur leur fit offert à la résidence où étaient réunis les notabilités de la ville » (« Le premier hydravion est arrivé à Majunga », 1926, p. 2).

De même dans la capitale Tananarive, Bernard et Bougault sont reçus par des vins d'honneur, banquets, et des fêtes par l'autorité coloniale. Le gouverneur général par intérim Berthier assure leur accueil et prend des mesures spéciales pour le transport en réglementant la circulation sur trois routes (Ambohipo, Alasora, Mandroseza) menant vers le lac (Pour Mandroseza, 1926, 2). De même le transport ferroviaire Soarano-Mahazoarivo est assuré avec deux trains avant 8 heures 45. Berthier offre des biscuits, champagne, laïus et *Marseillaise* aux deux Français à leur arrivée et à 17 heures un vin d'honneur à l'hôtel Fumarolli en présence de 150 personnes (L'hydravion de Majunga à Tananarive, 1926, 1). Une foule importante assiste à leur arrivée. Européens et Malgaches, enfants et adultes, écoliers et collégiens, scouts attendent avec impatience leur amerrissage au lac Mandroseza, au cœur de la capitale. (Le raid d'hydravion sur Madagascar, 1926, 1951, 1). Bernard lui-même donne une estimation des « curieux » à Tananarive : « Le 4 décembre, nous atterrissons à 3 kilomètres de Tananarive sur le lac Maudrocèze salué par les ovations de 80.000 personnes enthousiastes » (Bernard, 1928, 219). Des récompenses physiques confirment l'héroïsation des deux marins français car le gouverneur général par intérim Berthier en personne leur offre deux chronomètres avec initiales gravées sur le boitier et à l'intérieur : Tananarive, le 4 décembre 1926 (Le raid d'hydravion sur Madagascar, 1926, 1). En quittant Madagascar, après quelques jours d'euphorie, le gouverneur intérimaire Berthier leur adresse un télégramme en les qualifiant d'« hydraviateurs» :

> « Au moment où quittez la Grande Ile vous transmets en mon nom personnel comme celui colonie tout entière nos meilleurs vœux bon voyage. Vous renouvelle nos plus vives félicitations pour votre magnifique randonnée qui a soulevé l'admiration de tous et vous adresse du souvenir inoubliable que la Colonie gardera de votre passage et de votre court séjour parmi nous » (Les hydraviateurs, 1926, 1).

Les journaux, de leur côté, mentionnent la présence d'une foule nombreuse qui assiste à l'arrivée des deux marins à bord de leur appareil :

> [...] Vingt mille spectateurs acclament nos « as » autour de lac de Mandroseza... [...] Les gamins, des milliers de gamins courent par les sentiers... [...] Tout le long des crêtes, des silhouettes se défilent, se hâtant vers le lieu de l'apparition... [...] La ruée des curieux roule vers l'est. Là-bas, un train de vingt-cinq wagons s'est arrêté. Un millier de voyageurs en sautent [...] (Henri De Busschère, 1926, p. 1).

Le poète Akbaraly écrit que plusieurs spectateurs se trouvent physiquement sur le lieu d'amerrissage :

> Autour de Mandroseze[13], une foule innombrable
> Attendait, vers le ciel promenant de grands yeux
> Comme si quelque chose allait des mains de dieux
> Jaillir du firmament et tomber sur le sable.
> [...] D'un frénétique élan, des acclamations,
> Montèrent vers les cieux en fougueux tourbillons
> Pendant que s'avançaient vers cette foule immense [...]
> (« Hydravion », 1926, p. 1).

En outre, l'autorité coloniale accorde une importance capitale à l'arrivée de Bernard et Bougault dans la Grande Ile. Elle saisit cette opportunité pour mettre en exergue l'action civilisatrice de la France métropolitaine dans la colonie. Ainsi, le 4 décembre 1926, à 17 heures, lors d'un vin d'honneur offert aux deux marins, à l'Hôtel Fumaroli, à Tananarive, l'administrateur-maire Charles Pechmarty[14], dans son discours, note l'impact du voyage des deux aviateurs dans la Grande Ile :

> [...] Ce n'est pas seulement un devoir pour nous, mais c'est aussi un grand plaisir de recevoir les hommes d'élites, qui comme vous, consacrant leur vie à l'aviation, l'amènent par leurs prouesses et leurs études vers des perfectionnements de plus en plus considérables
> Le raid que vous venez d'accomplir nous fait entrevoir que, dans un avenir très prochain, nous serons pratiquement reliés par la voie des airs à la Mère-Patrie [...] (« Discours de M. Pechmarty », 1926, 1).

---

[13] - Une francisation du mot malgache *Mandroseza* pour désigner le lac où l'hydravion amerrit.
[14] - Il assure la fonction de maire de la capitale coloniale Tananarive de 1922 à 1927.

En France métropolitaine, Bernard et Bougault sont également accueillis en héros national. Les autorités nationales et municipales les accueillent avec faste. Le 15 janvier 1927, en présence de plusieurs hautes personnalités nommées et élues, le ministre des Colonies Léon Perrier et le gouverneur général de Madagascar Léon Cayla ont offert un déjeuner aux deux marins-aviateurs (« Un déjeuner a été offert hier aux aviateurs Bernard et Bougault », 1927, 1).

A leur arrivée à Paris le 14 janvier, sous l'escorte d'une escadrille d'hydravions du centre de Saint-Cyr, le monde aéronautique, les Parisiens, les membres de leur famille. La capitale française est fière de l'aventure de Bernard et Bougault. En s'adressant au président du Conseil municipal de la Ville de Paris, le Préfet de la Seine Pierre Bouju exprime sa joie sur leur exploit :

> […] Les deux héros que nous fêtons viennent d'accomplir une prouesse qui a quelque chose de fabuleux et la simplicité charmante qui accompagne leurs paroles et leurs gestes ajoute encore à notre admiration. […]
> […] Et par milliers, au cœur de notre jardin historique, les Parisiens toujours si prompts à l'enthousiasme ont défilé rêveurs devant ce grand oiseau blanc qui, entre deux vols, repose dans l'axe même de l'Arc de Triomphe, […] nous rappelle des actions héroïques et de magnifiques élan vers l'Idéal […] (« Réception à l'hôtel de ville du lieutenant de vaisseau Bernard et du maître principal de la Marine Bougault », 1927, p. 800).

Pour sa part, le président du Conseil municipal de la Ville de Paris Pierre Godin va plus loin en évoquant l'exploit réalisé par le père de Bernard pour montrer que Bernard fils est issu d'une bonne famille qui a porté haut le fanion de la France :

> […] Capitaine Bernard, à cette heure où Paris vous acclame, comment n'évoquerais-je pas la mémoire de votre noble père, le colonel Bernard, qui défila sous l'Arc de Triomphe au lendemain de l'armistice, à côté du drapeau de son régiment, et mourut peu après des suites de ses blessures ?
> […] (« Réception à l'hôtel de ville du lieutenant de vaisseau Bernard et du maître principal de la Marine Bougault », 1927, p. 800).

D'ailleurs, la mère de Bernard, présente lors de la cérémonie officielle de réception des deux marins aviateurs par l'autorité française, le 14 janvier 1927, à Paris, se joint à Pierre Godin sur cette appréciation, en disant : « Il est aussi vaillant que son père. » (« La réception des aviateurs Bernard et Bougault, 1927, p. 2).

En outre, pour marquer leur courage à l'attention des lecteurs de la métropole et de la colonie (Français et Malgaches), les journaux valorisent le mot « raid » dans le titre de leur article : *Excelsior*[15] ; *L'Echo de Tananarive*[16] ; *Le journal de l'aviation française*[17] ; *Le Matin*[18] ; *La Phare de Majunga*[19] ; *Madagascar. Industriel, Commercial, Agricole*[20] ... A vrai dire, ils entendent donner plus de vivacité à leurs écrits dans une période d'euphorie.

En France, durant la Première guerre mondiale, l'aviateur qui arrive à battre plusieurs aéronefs ennemis est considéré comme « as ». Une concurrence rude s'instaure alors entre les pilotes militaires français pour devenir « as de l'aviation ».

Ainsi, les journalistes métropolitains consacrent également une grande place à cette héroïsation des deux Français dans leur article :

> [...] Les acclamations ont salué les hardis aviateurs au débarquement : réceptions à la Résidence, banquet, bal, soirée au cercle (« Un nouveau succès de l'aviation française », 1926, p. 2).
> [...] La manœuvre terminée, l'hydravion amarré à une bouée, les deux vaillants pilotes, debout sur la coque attendant l'arrivée d'une barque, le commandant de Laborde fait sonner Au drapeau et, dans ce moment de vive émotion tout à fait impressionnant, c'était en Bernard et Bougault une victoire de l'aviation maritime française qu'on saluait[...] Un beau marin que ce Bernard, un athlète à la figure au profil grec, des yeux gris-verts profonds et limpides, des dents éblouissantes qui respirent la santé et la force... Bernard se rappelle l'admirable fête qui lui fut réservée à Madagascar.[...] Les vaillants Bougault et Bernard descendirent le Nil, à deux cent mètre d'altitude.[...] (« Le lieutenant de vaisseau Bernard a terminé son grand raid sur hydravion France-Madagascar et retour », 1927, pp. 1-3).

Pour la France coloniale, l'hydravion Lioré-Olivier conduit par Marc et Bougault ne constitue pas seulement un outil technique pour maîtriser la distance entre la métropole et la colonie Madagascar. Mais il contient également des aspects politiques, idéologiques et culturels car il représente la puissance coloniale par la

---

[15] - N° 5785, Jeudi 14 octobre 1926
[16] - N° 212, Mercredi 1 décembre 1927, p. 1
[17] - N° Octobre-Novembre 1926, 2ᵉ éd., p. 1
[18] - N° 15639, 13 janvier 1927, p. 1
[19] - N° 893, Samedi 19 février 1927, p.1 ; elle reprend l'article du Midi du 13 janvier 1927.
[20] - N° 34, Mercredi 8 décembre 1926, p. 1

domination aérienne. Les articles de journaux présentent l'ambiance autour de l'arrivée et du départ de l'hydravion Lioré-Olivier incarné par un « oiseau » appartenant à la France coloniale :

> […] Des Malgaches tombèrent à genoux les mains levées vers le ciel, la multitude hurlait de plaisir et de stupéfaction à la vue de ce grand oiseau qui venait d'*Andafy*[21] […] (Busschere, 1934, p. 1).

> […] Le bel oiseau de France repose à présent sur les eaux calmes de la rade. […] (« Un nouveau succès de l'aviation française », 1926, p. 2) […] C'est fini !... L'oiseau de France s'est envolé ! […] (« L'hydravion du Lieutenant Bernard quitte Tananarive », 1926, p. 1).

> […] La foule angoissée, et qui ne sait pas, garde le silence. L'oiseau de France aurait-il brisé ses ailes ? […] (« Matinée historique : un raid de l'aviation française », 1926, p. 1).

L'autorité coloniale accorde une importance capitale à l'arrivée de Bernard et Bougault dans la Grande Ile. Elle saisit cette opportunité pour mettre en exergue l'action civilisatrice de la France métropolitaine dans la colonie. Elle souligne les efforts de la métropole pour la promotion de la locomotion aérienne dans leurs colonies dont Madagascar.

Ainsi, le 4 décembre 1926, à 17 heures, lors d'un vin d'honneur offert aux deux marins, à l'Hôtel Fumaroli, à Tananarive, l'administrateur colonial Charles Pechmarty, dans son discours, note l'impact du voyage des deux aviateurs dans la Grande Ile :

> […] Vous avez affirmé aux yeux ces belles qualités d'initiative, de volonté, de ténacité qui constituent le caractère de notre race et vous avez donné un démenti éclatant à ceux qui n'avaient plus confiance dans les destinées de la France.

> Je ne m'étendrai pas sur les résultats de votre exploit et sur l'effet moral qu'il produira sur nos populations indigènes. Il restera, pour eux, soyez en assurés, une leçon d'énergie et de vigueur et fera bien plus que des discours pour démontrer aux malgaches la supériorité des nôtres […] (« L'hydravion de Majunga à Tananarive », 1926 :1).

---

[21] - Mot malgache qui signifie « au-delà des mers ».

Le président du Conseil municipal de la Ville de Paris Pierre Goudin démontre la portée du voyage des deux marins pour la grandeur de la France coloniale :

> [...] Nos couleurs nationales promenées d'un bout à l'autre du vaste continent africain, c'est une victoire ajoutée à tant de victoires de l'aviation française. Et la liaison établie entre la Métropole et ses colonies lointaines, c'est, rendue sensible, l'unité de cet Empire qui fait de nous, suivant le grand mot du Général Mangin, une nation de cent millions d'habitants. [...]
>
> Ce n'est pas seulement la Marine, ce n'est pas seulement l'Aviation, ce ne sont pas seulement deux représentants d'élite de notre race, c'est la famille française que nous avons la joie de mettre aujourd'hui à l'honneur (« Réception à l'hôtel de ville du lieutenant de vaisseau Bernard et du maître principal de la Marine Bougault », 1927, p. 799-800).

Le voyage de Bernard et Bougault à Madagascar représente également un tremplin pour la presse française en vue d'étaler l'envergure de l'œuvre civilisatrice de la France métropolitaine en matière aéronautique :

> Le lieutenant Bernard ayant obtenu les autorisations nécessaires quittera Majunga Samedi quatre décembre, à six heures du matin. Il survolera Tananarive vers dix heures trente pour terminer son voyage au lac Mandroseza. Quelle fierté pour la population française, quelle joie ressentie ! Le Madagascar adresse le salut de tout Tananarive au lieutenant Bernard et à son compagnon de route, le mécanicien qui partage avec lui les dangers et les triomphes et que nous fêterons au même titre. Leur séjour à Tananarive ne sera que d'un jour et demi (« Vive l'aviation française ! », 1926, p. 1).
>
> [...] Et les vivats redoublèrent quand Bernard et Bougault dans leur costume-kaki un peu défraîchi, donnèrent le sentiment que les deux vaillants pilotes venaient d'accomplir un exploit historique dans des conditions remarquables et que cet exploit ouvrait, en quelque sorte, une ère nouvelle de l'aviation maritime française (« Le lieutenant de vaisseau Bernard a terminé son grand raid sur hydravion France-Madagascar et retour », 1927, p.1).

[…] Deux hommes sortent de la carlingue, se débarrassent de leur veston de cuir et apparaissent en culotte courte coiffé d'un casque kaki. Ce sont les deux hommes qui ont promené nos trois couleurs à travers l'Afrique sur un petit coucou de plaisance, dont les minces proportions, les formes frêles, donnent à l'exploit une signification qui tient du prodige […] (Henri De Busschère, 1926, p. 1).

[…] L'admirable randonnée aérienne du lieutenant de vaisseau aviateur Bernard et du maître principal pilote et mécanicien Bougault recevra aujourd'hui sa consécration par une réception officielle que présidera M. Georges Leygues, ministre de la marine. Les deux vaillants Français avaient été fêtés avant-hier par leurs camarades. Ils le seront aujourd'hui officiellement par la France représentée par son ministre, chef de l'aviation maritime. Le programme indique que Bernard et Bougault seront reçus officiellement par M. Georges Leygues, ministre de la marine, sur la péniche *Orgues*, mise gracieusement à la disposition de la marine et mouillée sur la rive droite de la Seine, à la hauteur de Longchamp. Dans la soirée, à 17 h. 30, le lieutenant de vaisseau Bernard et son compagnon le maître principal Bougault seront présentés au président de la République à l'Elysée, par le ministre de la marine. A leur triomphe, sera associé M. Lioré qui réalisa l'appareil avec lequel ils accomplirent leur randonnée. M.Georges Leygues, ministre de la marine, vient d'inscrire d'office au tableau pour le grade d'officier de la Légion d'honneur le lieutenant de vaisseau Bernard pour : *'Avoir accompli avec le même hydravion et le même moteur, le premier voyage aller et retour, de France à Tananarive, par le Maroc, le Sénégal, le Soudan et l'Afrique équatoriale française, couvrant 28.500 kilomètres au-dessus de la mer et des grands fleuves d'Afrique'*. D'autre part, le maitre, principal pilote et mécanicien Bougault est inscrit d'office au tableau d'avancement pour le grade d'officier des équipages de la flotte pour sa participation au raid en hydravion de France-Tananarive, aller et retour (« La randonnée aérienne France-Madagascar et retour », 1927, p. 1).

Enfin, la littérature sur l'événement aérien de décembre 1926 à Madagascar souligne l'exploit des deux aviateurs et ne tarit pas également d'éloges pour les initiatives de la France coloniale dans la promotion de la locomotion aérienne. Le poète Akbaraly exprime implicitement sa reconnaissance envers eux dont le nom est écrit tout en majuscule :

> Les deux aviateurs, deux vaillants fils de France...
> Hommes, femmes, enfants, d'un curieux regard
> Admirent BOUGAULT et le hardi BERNARD
> (« Hydravion », 1926, p. 1).

Le poème *L'oiseau de France* de Druze débouche sur cette réussite :

> [...] Mais non Rasane, il s'en ira
> Il retournera
> Vers son nid de France
> Ils sont des milliers, tu penses,
> D'oiseaux comme ça...
> Portant vers l'horizon immense
> Trois couleurs sur leurs ailes [...]
> (« L'oiseau de France », 1926, p. 2).

Le premier voyage aérien France-Madagascar concrétisé par l'équipage Bernard-Bougault à bord d'un hydravion en 1926-1927 contient une source d'inspiration pour les parties prenantes et concernés de ce voyage et suscitent plusieurs réactions de leur part. Il constitue un jalon pour l'histoire de l'aviation coloniale française et montre la façon dont les discours, écrits et littéraire transforment un fait technique en événement idéologique. L'aéronautique est indissociable des enjeux politiques, économiques et culturels. Chacun écrit ce qu'il pense en fonction de son statut au sein de la société coloniale française mais tous sont unanimes sur l'importance stratégique de l'aviation pour la métropole et la Grande Ile et leur témoignage contient beaucoup d'informations utiles dans l'avenir pour l'autorité française sur les conditions de voyage entre deux-guerres.

II.3 – Domination de la langue française

Déjà du temps de la dernière reine de Madagascar Ranavalona III, le français jouait un rôle crucial dans la Grande Ile dans le fonctionnement de l'administration royale. Durant la colonisation, à partir de 1896 jusqu'en 1960, il a assuré la communication officielle de la colonie avec une petite parenthèse marquant la supériorité de l'anglais à la fin du régime de Vichy en 1942.

II.3.1 – Aviation postale et identité coloniale française

Dans le domaine de l'aviation, la philatélie valorise la France et le rôle prépondérant de la poste sur l'économie métropolitaine. Par rapport aux navires[22], les aéronefs facilitent le transport des courriers rédigés en français entre la France, le continent africain et Madagascar. Ces correspondances tissent des liens sociaux entre les colons et leurs familles partout dans le monde d'une part et des relations économiques entre les colons et les autorités coloniales d'autre part. En outre, la philatélie constitue une source de revenus pour l'administration postale. En effet, Dodement, Caillol et Roux emmènent avec eux un millier de correspondance pour la France et les escales comprises dans leur route. Ils prévoient d'atterrir au Bourget le 23 janvier 1930. A Madagascar, le développement de la philatélie accompagne la reprise de l'aviation coloniale. En 1931, la Poste aérienne valorise la mention « Raid aérien France-Madagascar Avril 1931 » notamment le vol du trimoteur Farman 304 de l'équipage de Goulette. D'autre part, par arrêté du 21 juillet 1934, dans l'objectif « de donner au public le plus de facilités possibles dans l'acheminement de ses correspondances par la nouvelle voie aérienne »[23], le Chef de la colonie Cayla crée un télégramme-lettre intérieur à tarif réduit à acheminer par avion entre Tananarive et Broken-Hill (Rhodésie du Nord) et de là par voie aérienne (Impérial Airways) et les services postaux ordinaires. La taxe télégraphique de ces télégrammes-lettres à l'intérieur de la Colonie (y compris l'Archipel des Comores, Nossi-Be et Sainte-Marie) coûte 0 fr 50 par mot avec un minimum de perception de 1 fr 25. Autrement dit, l'expéditeur paye cette taxe en plus du prix de l'affranchissement postal et du montant de la surtaxe aérienne.

II.3.2 – Officialisation de la langue française à travers le *Journal officiel*

L'annexion de Madagascar par la France, le 6 août 1896, constitue un tournant pour l'histoire du journal officiel. A partir du mois d'octobre, le titre *Ny Gazety Malagasy* avec l'emblème de Ranavalomanjaka est supprimé et le journal officiel devient

---

[22] - En 1929, l'équipage Bailly-Reginensi-Marsot met Paris-Tananarive en 23 jours alors que les paquebots mettent 28 jours Marseille pour gagner Madagascar. In : TORRES (DE) R.. Peyronnet, « Deux glorieuses journées pour l'aviation française : le retour au Bourget des équipages Costes-Bellonte et Bailly-Réginensi-Marsot», *Le Miroir des sports*, 19ᵉ année, n° 850, Mardi 26 novembre 1929, p. 402

[23] - *Journal Officiel de Madagascar et Dépendances*, 50ᵉ année, N.S., n° 2518, Samedi 21 juillet 1934, p. 675

« Journal officiel de Madagascar et Dépendances » tout court. Ainsi, les textes officiels sont rédigés en français entièrement pour montrer aux indigènes que la Grande Ile appartient exclusivement à la métropole.

Dans le domaine de l'aéronautique civile, le *Journal officiel de Madagascar et Dépendances*, n° 2725, du vendredi 13 mai 1938 (p. 497 et plus), publie l'«Avis relatif aux modifications apportées par la Commission Internationale de Navigation Aérienne aux Annexes A à G de la Convention Internationale de Navigation aérienne du 13 octobre 1919 conformément à l'article 34 de cette Convention ». C'est un cadre général sur l'aéronautique. Rédigé entièrement en français, cet avis fait entrer l'aviation coloniale dans la Grande Ile dans les normes internationales. Il porte sur la conceptualisation des termes techniques pour bien éclairer les acteurs dans le domaine de l'aviation : aéronef, aérostat, ballon, dirigeable, aérodyne, avion, planeur, piste d'atterrissage, atterrir. Il comporte des règles et instructions diverses : marque de nationalité, circulation aérienne, cartes aéronautiques…

Ainsi, en se référant à cet avis, le Gouverneur général de Madagascar et Dépendances Léon Cayla publie l'arrêté du 22 février 1939 fixant les règles d'utilisation des aérodromes civils dans la colonie de Madagascar et Dépendances (*Journal officiel de Madagascar et Dépendances*, n° 2772 du samedi 25 février 1939, pp. 258-259). Cet arrêté souligne notamment le rôle du chef d'aérodrome et établit un classement des terrains d'aviation à Madagascar.

II.3.3 – L'intrusion spontanée de l'anglais sous le régime de Vichy en 1942

En 1942, les Britanniques envahissent la Grande Ile pour éviter que celle-ci devienne une base navale du Japon et de l'Allemagne. La presse britannique diffuse l'invasion anglaise à Madagascar à partir du 5 mai et notamment l'implication de l'aviation durant les opérations :

> « Planes from an aircraft-carrier dropped leaflets in Diego Suarez Antsirane announcing the landing and inviting the garrison to surrender. Planes also attacked isolated forts at Tonnerre Bay and Cap Mine… During the following day there was fighting south of Antsirane. The British enterred Antsirane late on May 7. During period of operation, according to the Vichy claim, the defending air force of 12 old planes shot down eleven British planes (Madagascar, 1942, p. 5).

A Madagascar, l'anglais est utilisé par les Britanniques avec leurs alliés Sud-africains et Africains de l'Est pour se communiquer et transmettre des ordres durant leur progression depuis Diégo-Suarez, en passant par Majunga, Tananarive jusqu'au sud de la Grande Ile.

En octobre 1942, Tananarive, où se trouve le siège du gouvernement général de Madagascar et Dépendances, est désormais sous l'occupation britannique mais les opérations *Ironclad, Stream Line Jane Tamper* se poursuivent. Le n° 2973 du 31 octobre du *Journal officiel de Madagascar et Dépendances* publie encore des arrêtés signés par le gouverneur général Armand Annet mais la publication de ces arrêtés doit avoir la permission de l'autorité militaire britannique. Le numéro suivant 2974 du 6 novembre 1942 montre clairement la victoire anglaise à Madagascar face au régime de Vichy depuis le 11 octobre. Le lieutenant-Général William Platt, Officier général Commandant en Chef, *East Africa Command*, impose la juridiction militaire britannique à Madagascar et Dépendances. Ainsi, il autorise la continuité des fonctions des tribunaux de Madagascar et Dépendances mais suspend l'audience de ces tribunaux en matière civile. Puis il y instaure les tribunaux militaires britanniques. En octobre 1942, après la conquête de Tananarive, William Platt publie en même temps, dans le *Journal Officiel de Madagascar et Dépendances,* trois textes juridiques en anglais et leur traduction en français. Ces textes juridiques en anglais sont en fait diffusés pour faire connaître aux Français et indigènes malgaches que Madagascar est désormais sous autorité anglaise. Pourtant, la langue française revient dans le *Journal Officiel* du 14 novembre 1942 mais encore la publication de tous les arrêtés et décisions doit obtenir la permission de l'autorité militaire britannique.

La presse de langue française notamment en Afrique (*L'Echo d'Alger, Le Petit Marocain*) dénonce l'occupation de Madagascar par les Anglais depuis le début de mai jusqu'à novembre 1942.

III. HERITAGES DU PASSE ET PERSPECTIVES D'AVENIR

III.1 – Hybridation terminologique et innovation lexicale

Au lendemain de l'indépendance, l'hybridation terminologique dans le domaine de l'aviation se base sur la création de néologisme malgache, l'adaptation phonétique et morphologique de vocabulaires techniques en français et en anglais, et la formation d'une culture linguistique malgache. Dans les années 1960, Daniel Ramaromisa, aviateur et fondateur de l'Aéro-Club de Madagascar, anime une émission intitulée *Malagasy sendra nandalo* durant laquelle un Malgache, qui a évidemment bénéficié des voyages par air, raconte les us et coutumes des pays développés qu'il a visités (Andrianasolo, 2010, p. 382). D'où le rôle de la société malgache dans la construction de l'identité nationale à travers les médias et la culture. Les vocabulaires sur l'aviation sont valorisés par ces moyens de transmission. En 1972, les jeunes malgaches s'émancipent à travers la mode, la musique, le cinéma, et les styles de vie ailleurs. Ils se révoltent contre le poids du système éducatif français imposé par le régime Tsiranana. Les étudiants en médecine de Befelatanana dénoncent un traitement inégalitaire à leur égard.

III. 1.1 – Les chansons malgaches

La radio et la télévision nationales diffusent des chansons qui attirent le public malgache dans le monde de l'aviation. Elles vulgarisent le vocabulaire du ciel et favorisent la construction d'une identité aérienne nationale. L'aviation s'imprègne dans la vie quotidienne des Malgaches.

III. 1.1.1 – Protestation et dénonciation des inégalités sociales

A partir de l'indépendance, plusieurs chansons malgaches véhiculent des faits marquants sur l'aviation. Ces faits marquants constituent une culture linguistique justifiant la place de l'avion en tant qu'appareil volant dans la société malgache. L'aéronef symbolise le rêve et la distance donc la séparation entre ceux qui partent à l'extérieur ou dans les autres contrées de la Grande Ile et ceux qui restent au pays ou en terre natale. Les chansons malgaches expriment l'ambivalence de la modernité à la fois source de progrès et de désillusion. Elles évoquent la nostalgie des faibles ou impuissants qui ne peuvent pas voyager, le souhait de pouvoir accéder à ce moyen puissant qui représente la réussite sociale et donc réservé à une élite, la mélancolie du départ qui cache une frustration ou un souci pour le retour de ceux qui prennent l'avion ou le *roplanina*. Elles matérialisent la rencontre entre deux mondes contradictoires : le monde étranger de l'avion procurant un égoïsme de classe et le monde imaginaire malgache donnant une dimension culturelle et poétique à cet appareil volant. Par ailleurs, les inégalités sociales sont dénoncées d'une manière indirecte par les chansons malgaches.

Ainsi, Rambao dans sa chanson intitulée *Vato fehizoro* ou pierre angulaire, rapporte le désarroi d'une jeune fille à l'aéroport accompagnant son ami qui va partir pour suivre ses études à l'étranger :

> Ilay veloma niraisanay farany
> Toa sento sisa manodidina ahy.
> Nantsoiko mafy tamin'izay koa ny anarany
> Teny an-tseranam-piaramanidina.
>
> Traduction
> Notre dernier au revoir
> J'ai senti comme un soupir autour de moi.
> A ce moment-là, j'ai crié son nom à voix haute à l'aéroport.

Cette chanson illustre l'union inébranlable pour toujours entre deux amoureux dans la vie malgré la distance qui les sépare. Dans la foule, la jeune fille ressent un vide, une suspension du temps. En vérité, la chanson de Rambao met en scène le langage du départ, l'espace aéronautique (aéroport) comme lieu de séparation et la tension identitaire provoquée par la rupture. L'aéroport constitue un lieu d'affirmation du cœur et de la mémoire. Rambao inscrit l'aéroport comme espace existentiel qui réunit deux êtres humains. Le *Vatofehizoro* représente les liens forts entre l'homme qui va partir et la jeune femme qui va rester dans le pays. Il marque une étape importante dans leur vie commune : un support pour la future, une nouvelle page et une relation immuable. Le cri de la jeune fille à l'aéroport dégage une résistance à la distance, un acte de langage face à la séparation : en fait il est le seul lien possible entre deux mondes différents. La citation du nom de l'homme est un acte de mémoire et de reconnaissance, de fidélité, mais aussi de résignation. La chanson *Vatofehizoro* soutient que l'aviation fait vivre l'espoir de l'homme dans des moments difficiles, réunit deux univers linguistiques : lexique technique moderne (*seranam-piaramanidina*) et registre émotionnel (*sento sisa nanodidina ahy*).

Le groupe Sakeli-dalana, un groupe folklorique véhiculant le bas *gasy* (folk malgache), raconte dans sa chanson *Ambony akalakeliko* (sur mon petit tabouret), l'histoire d'un homme modeste amoureux d'une fille très riche, revenue de l'étranger après ses études :

> Te ho any aho mba hitsena nefa tsy afaka mankany
> Tsy ho any Ivato fa ato an-trano ato no hamisavisa irery
> Ny fahatongavanao
>
> Satriko ny hahita anao anio dia anio
> Taona maro isika tsy nifankahita fa nianatra ianao
> Tany am-pitan-dranomasina
>
> Te ho any aho mba hitsena nefa tsy afaka mankany
> Tsy ho any Ivato fa ato an-trano ato no hamisavisa irery
> Ny fahatongavanao
>
> Satriko ny hahita anao anio dia anio
> Taona maro isika tsy nifankahita fa nianatra ianao
> Tany am-pitan-dranomasina
>
> Ny havanao rehetra raha mahita ahy mankany
> Hanome tsiny anao hoe fitia diso fiantefa
> Ny lobako efa rovitra
> Ny pataloha feno tampina
> Ny kapa tapatapaka
> Ny satroko maloto
>
> Aleoko ihany mijanona eto, aza omena tsiny aho
> Ny foko ho anao tsy rovitra akory toy ity lobako ity
> Fa mbola feno fitia
>
> Ho avy ianao, rehefa an-tanàna dia hoampiatranoiko.
> Ao an-trano bongo no handraisako anao eo ambony akalakeliko,
> No hibanjinako anao.

Traduction
Je veux aller là-bas pour te saluer, mais je ne peux pas y aller.
Pas à Ivato, mais ici, à la maison, pour y penser seule ton arrivée.
Je veux te voir aujourd'hui, aujourd'hui même.

> On ne s'est pas vus depuis des années parce que tu étudiais à l'étranger.
> Si tes proches me voient là-bas, ils te reprocheront un amour mal placé.
> Ma chemise est déchirée.
> Mon pantalon est plein de rapiéçages.
> Mes sandales sont déchirées.
> Mon chapeau est sale.
> Je préfère rester ici, ne m'en veux pas.
> Mon cœur pour toi n'est pas aussi déchiré que ma chemise.
> Mais je suis toujours plein d'amour.
> Tu viendrais, quand tu es en ville, je t'offrirai un toit.
> Dans la cabane, je t'accueillerai sur mon petit tabouret,
> Et te contemplerai.

Le fossé social qui les sépare est si grand que le jeune homme renonce à se rendre à l'aéroport d'Ivato, symbole de prestige et d'ouverture. Par contre, pour lui, Ivato couvre une autre signification, c'est un lieu d'exclusion, réservé aux riches, aux élites éduquées à l'étranger, aux voyageurs et aux Blancs. C'est un espace interdit inaccessible non seulement par manque de moyen mais aussi par honte sociale. Ivato, qu'il répète deux fois est un « no man's land » dont le pauvre est une *persona non grata*. Toutefois, il ne cache pas son amour profond à cette jeune fille ; il pense que leur amour est encore plus fort et qu'elle va rester fidèle à lui. Il soutient que la pauvreté extérieure ne détruit pas la richesse intérieure. En outre, même si le tabouret symbolise le manque de ressources, il traduit pourtant la pureté de son amour envers la jeune fille, l'intimité, la simplicité et le respect. Le groupe Sakelidalana dénonce les inégalités sociales et l'exclusion des pauvres et évite d'entrer à la porte des riches symbolisée par l'aéroport. Il incarne la voix du peuple fidèle à la terre natale. A cause de la pauvreté, il lui est impossible d'effacer non seulement la distance sociale mais également la distance physique.

Pour sa part, le chanteur Olombelo Ricky, de son vrai nom Randimbiarison Ricky Gabin, originaire de Vangaindrano, dans la partie sud-est de Madagascar, exprime dans sa chanson *Ikalangita* (jeune fille aux cheveux crépus), l'amertume d'un homme malgache sur les problématiques de la distance :

> Efa te-hody izaho amaray e (2)
> F'izaho tsy tafandry raha tsy eo ianao (2)

Niandry ropilany ho tonga izaho e
Hitondra taratasy any aminao e
Nefa dia hatram'zao tsy mbola tonga foana e
Sasa-miandry aho ny lohako efa mihasola

Kalangita
Omeko anao anie ny lanitra
Kalangita
Raha toa enao mbola mitandrina ho'a e
Kalangita
Hamoronako hira vaovao foana e

Ivavaho tsara anie ny aty e (2)
F'izaho tsy tafandry raha tsy eo enao (2)

Andefaso lambaoany izaho e
Asio valiha any anatiny any
Dia mba omeo teny masina aho zaho anie
Avy any avy any am-ponao any
Kalangitako zany

Kalangita
Omeko anao anie 'zay masaka
Kalangita
Raha toa ianao ka mbola mitandrina ho'a e
Kalangita
Hamoronako hira vaovao foana e

Traduction
Je veux rentrer à la maison, mon amour.
Car je ne peux pas dormir si tu n'es pas là.
J'ai attendu l'avion pour qu'il arrive,
pour qu'il apporte une lettre pour toi
Mais jusqu'à présent il n'est jamais venu.
Je suis fatigué d'attendre, ma tête commence à devenir chauve.

> Kalangita
> Je t'offrirai le ciel
> Kalangita
> Si seulement tu restes fidèle.
> Kalangita
> Je créerai toujours de nouvelles chansons pour toi.
> Prie bien pour moi ici-bas.
> Car je ne peux pas dormir si tu n'es pas là.
> Envoie-moi un lambaoany
> Mets une valiha à l'intérieur
> Et donne-moi une parole sacrée
> Venue de ton cœur, de là-bas.
> Kalangita
> Je t'offrirai tout ce qui est mûr.
> Kalangita
> Si seulement tu restes fidèle
> Kalangita
> Je composerai sans cesse de nouvelles chansons pour toi.

L'avion, moyen de transport aérien, symbolise le lien suspendu entre le jeune homme devant resté à Antananarivo et la jeune fille aux cheuveux crépus se trouvant loin, dans la région. Il incarne l'espoir d'une communication effective entre les deux amants mais représente une force supérieure que le jeune homme ne maîtrise pas. Il devient le messager entre deux univers : celui de l'humain et celui du sacré. Olombelo Ricky relie le monde moderne représenté par l'avion et le monde spirituel malgache à travers le tissu traditionnel porteur de message *lambaoany* et l'instrument de musique à corde présentant l'harmonie intérieure, *la valiha*.

Mais sur un autre régistre, la chanson *Ikalangita* parle d'un sujet sensible, car elle concerne une préférence physique. Un jeune homme malgache, probalement originaire des régions en disant : « amaray, enao » (le matin, tu), s'exprime, d'une manière générale, en langue malgache officielle son intention de tisser un lien d'amour avec une jeune fille ayant clairement une ascendance africaine. Cette dernière est une jeune fille purement malgache (avec le *lambaoany* et appréciant le *valiha*). Olombelo Ricky fait l'éloge d'une belle fille malgache ayant une ascendance africaine par un jeune homme vivant dans des conditions confortables mais tourmenté par l'attente de cette jeune fille. Le jeune homme souhaite revenir chez lui dans la région mais il est obligé de rester en ville pour recueillir de bonnes nouvelles de cette fille à cheveux crépus. La chanson *Kalangita* rappelle une volonté de métissage culturel entre deux Malgaches de cultures différentes.

Pour sa part, dans sa chanson *Tara avion*, Bery Kely raconte dans le parler régional son incapacité d'assister au départ de son amant à l'aéroport et espère une rencontre prochaine :

> Tamin'ny taon-dansagna igny, niarak' izaho sy namako jiaby é
> Raha vao niala tanagna, tonga tamy garan-dropilany igny
> Tara ely, voatery tafajanogno
> Tara a, voatery tafajanogno (bis)
> Tsy magnino ô malahelo be loatra
> Zaho marary é malahelo be loatra
> Anarô lasagna igny é, tongava soa aman-tsara amy tagny hiomboagna agny é
> F' izaho tavela atoy tsy afaka mirangatra magnaraka areo ooo...
> Soava dia é, soava dia a
> Tara avion, malahelo be loatra....
> Ooo malahelo be loatra, fa an-trano koa mihevitra é
> Antegna miala an-trano ny menimeny jiaby efa lasagna agny amin'ny tany hiomboagna agny
> Kanefa tonga eto dia setroko afo monja no sisa nambelandreo namako oo
> Dia tsaratsara, f'izaho mbola hoavy afara é

> Traduction
> L'année passée, j'étais avec tous mes amis,
> Lorsque nous quittons le village et arrivons à l'aéroport,
> Nous sommes en retard et sont obligés de rester.
> En retard, obligé de rester
> Cà fait rien, je suis trop triste
> Je suis malade, trop triste.
> Vous qui partirez, bon vol et que vous arriviez bien à votre destination,
> Pourtant, je suis, ici, abandonné, je ne peux pas vous suivre.
> Bon voyage, bon voyage.
> J'ai raté l'avion, je suis trop triste
> Trop triste, mais je vais réfléchir à la maison.

J'ai quitté la maison, tout le monde bredouille car je suis parti à notre lieu commun la-bàs
Mais de retour ici, je ne trouve que de la fumée laissée par mes amis,
Portez-bien, je viendrais plus tard.

La chanson de Bery Kely révèle une fracture identitaire entre la modernité symbolisée par l'avion, le voyage et l'étranger et la réalité locale représentée par l'attente, la nostalgie et la pauvreté. L'artiste choisit un parler régional au lieu du langage standard ou officiel (merina) pour souligner l'authenticité de sa chanson, pour bien exprimer le registre affectif des liens entre les deux personnes, et pour annoncer un marquer identitaire spécifique démontrant la variété linguistique dans la Grande Ile. Le titre de la chanson *Tara avion* illustre l'hybridation linguistique dans le domaine de l'aviation à Madagascar. Le mot « avion » emprunté au français est gardé entièrement par l'artiste sans adaptation phonétique pour exprimer tout ce qui est dans son cœur. En vérité, le mot *tara* vient du français « retard » que les Malgaches considèrent comme leur propre mot. La chanson du groupe Raozin'ny paradisa intitulé *Tara* devient une référence en ce sens. Cette chanson est diffusée avec une autre intitulée *Sahondra* sous format d'un disque vinyle et au lieu de dire tout simplement : « Tara ianao » ou « Vous êtes en retard », les gens insinuent indirectement « Ao ambadik'i Sahondra ianao !», c'est-à-dire « Vous êtes derrière Sahondra ». En outre, le refrain *Tara avion* qui est le titre même, signifie que le sujet rate sa vie sur deux plans : matériel et symbolique. D'abord, il rate réellement l'aéronef à l'aéroport, puis, il s'éclipse géographiquement et socialement. La chanson de Bery Kely illustre le poids émotionnel de l'aéronautique dans l'imaginaire malgache. Elle démontre aussi la dimension linguistique du métissage (français et malgache régional), et explique en filigrane l'inégalité sociale engendrée par la modernité que symbolise l'avion.

Enfin, Lion Hills, dans sa chanson *Mode avion* raconte les problèmes rencontrés par un couple avec le téléphone qui ne leur laisse pas en paix :

> Telephone no ataova mode avion
> Alo ataova mode avion
> Magneligeligny
> Zaho ndreky ano
> Tiako antsika tsisy ahatagna
> Telephone no ataova mode avion
> Baby gyal alooo

somay donia
Antsika agnembana niany
Aigninao mambabo zaho
Manitry lavany
Vatagnano galany
Gyal I need you
Aza ambela reka zaho niany ty yeah
Gyal I want you
Meva tonight
Zaho sy ano
Tsisy olon'kafa
Mbola ho lava ny aligny fo aloh
Telephone no ataova mode avion
Alo atoava mode avion
Magneligeligny
Zaho ndreky ano
Tiako antsika tsisy ahatagna
Telephone no ataova mode avion
Mon bebe tu me manqué
Tes lèvres, tes caresses
Oh oui tout de toi
I wanna spend time with you
Ma baby boo ne t'inquiète pas
Tu ne sais même pas ce que tu me fais
When you no dey your boy di paple eh!
J'ai beaucoup de choses à te dire baby
We don't need nobody
Juste toi et moi
I just wanna hold you and feel you
Oh baby don't leave
Telephone no ataova mode avion
Put your phone on flight mode baby
Alo ataova mode avion
The night is young and I want you
Magneligeligny
Zaho ndreky ano
Tiako antsika tsisy ahatagna

Telephone no ataova mode avion

Traduction
Mets ton téléphone en mode avion,
Allez, mets-le en mode avion.
Il nous perturbe
Moi et toi seulement.
Nous deux, on va vraiment être ensemble
Mets ton téléphone en mode avion.
Baby girl, allo,
On va jouer au donia
Ton allure me captive,
avec un parfum de vanille
Ton corps est doux, irrésistible.
Fille, j'ai besoin de toi,
Ne me laisse plus seul, je t'aime vraiment
Fille, je te veux,
Tu es belle ce soir,
Moi et toi,
Personne d'autre.
La nuit durera encore longtemps, tu verras.
Mets ton téléphone en mode avion.
Allez, mets-le en mode avion.
Il nous perturbe,
Moi et toi seulement.
Je veux qu'on soit ensemble, sans interruption.
Mets ton téléphone en mode avion.
Mon bébé, tu me manques,
Tes lèvres, tes caresses,
Oh oui, tout de toi.
Je veux passer du temps avec toi.
Mon bébé, ne t'inquiète pas,
Tu ne sais même pas ce que tu me fais.
Quand tu n'es pas là, ton gars devient fou !
J'ai tant de choses à te dire, bébé.
On n'a besoin de personne,
Juste toi et moi.

> Je veux seulement te serrer contre moi et te sentir.
> Oh bébé, ne pars pas. Mets ton téléphone en mode avion,
> Allez, mets-le en mode avion.
> La nuit est encore jeune, et je te veux.
> Il nous perturbe
> Moi et toi seulement,
> Je veux qu'on soit ensemble sans interruption.
> Mets ton téléphone en mode avion.

Lion Hill fait partie de la génération des jeunes malgaches qui véhiculent le RnB, l'Afro beats, l'afro pop, etc. Il invite sa bien-aimée à déconnecter du monde pour vivre un moment unique à deux sans souci. Il mélange trois langues : malgache, du parler régional, français et anglais pour bien exprimer ce qu'il veut dire à sa bien-aimée. En vérité, Lion Hill choisit ce titre pour démontrer qu'il est en phase avec les nouvelles technologies (smartphones) et qu'il se trouve dans la catégorie des personnes aisées (voyage en avion). Son rythme de vie va rapidement et il souhaite ne pas être dérangé, bénéfier de l'économie de la batterie car son appareil coût très cher, d'être toujours avec sa bien-aimé sans éteindre son téléphone et d'être en sécurité pour ce qui entend entrer dans sa vie privée (Ce que vous ne savez pas sur le mode avion, 2025).

III. 1.1.2 – Revendication politique et identitaire

Les artistes malgaches composent également des chansons de revendication qui lient l'aviation et la politique. Ces chansons valorisent la souveraineté nationale et nourrissent de la fierté aux Malgaches à travers les appareils modernes. Les vols des avions démontrent la maîtrise de l'espace par une nation indépendante. L'avion symbolise la communion entre les Malgaches.

Clo Mahajanga, originaire des Hautes Terres australes (Fianarantsoa) mais devenu *zanatany* (enfant du pays) dans la partie occidentale de Madagascar, dans sa chanson *Décidé* en parler régional (sakalava), lance un défi à quelqu'un qu'il est prêt à se battre à un autre zanatany et qu'il en a les moyens. Dans son clip sur cette chanson, Clo Mahajanga quitte un avion à l'aéroport pour courir vers le parking :

> Izaho aty, décidé zaho ô!!
> K'aza magneno anao fa fahaizanao tsy atahorako ô!
> Anao ary mitsikotsiko zaho ô!

Mahazo magneno anao alavitra any tsy anilako ô!
Anao koa mahay Baoenjy
Zaho Begina sy Salegy
Tsika samy vonogno e!
Ô!ô!décidé zaho ô!
Anao koa Rôpilany
Zaho Tomobily mandiha ambany
Tsika samby zana-tany
Ô!ô!décidé zaho ô!
Ma! Ma! Ma !Ma !Maman!
Anao koa décidé
Pa! Pa! Pa! Pa! Papa!
Zaho aty paré
Anao ary mitsikotsiko zaho ô!
Mahazo magneno anao alavitra any tsy anilako ô!
Anao koa mila!!!
Zaho décidé zaho paré
Anao koa mitady e!!!
Zaho décidé zaho vonogno...

Traduction
Moi je suis là, j'ai décidé oh !
Ne parle pas trop, ton savoir ne me fait pas peur !
Et toi, là, tu me fais un comérage
Tu peux parler là-bas, loin de moi.
Toi aussi tu sais danser le Baoenjy
Moi, c'est le Begina et le Salegy,
Nous sommes tous prêts
J'ai décidé
Toi, alors, tu es aéroplane
Moi, je suis une voiture qui roule en bas
Nous sommes tous des enfants du pays
J'ai décidé !
Toi aussi, tu es décidée
Moi, je suis prêt
Et toi, là, tu me fais un comérage
Tu peux parler de loin, pas près de moi.

> Toi aussi, tu veux !
> Moi, j'ai décidé, je suis prêt !
> Toi aussi, tu cherches !
> Moi, j'ai décidé, je suis prêt...

Clo Mahajanga intègre socialement et culturellement Mahajanga, une ville cosmopolite réunissant des Malgaches de toutes origines géographiques (Sakalava, Tsimihety, Merina, Betsirebaka) et des étrangers devenus *zanatany* comme les Comoriens. « Décidé zaho » est un défi montrant sa détermination, sa présence et sa capacité : même s'il est originaire des Hautes Terres, il maîtrise les styles du pays sakalava (begina et salegy) et est prêt à l'idée de compétition à quiconque. « Décidé zaho » est une affirmation de courage avec des références culturelles locales. Cette chanson prouve que Clo Mahajanga connaît les codes culturels et musicaux de sa région adoptive. Par ailleurs, « Décidé zaho » est une chanson d'amour qui raconte les manières dont les femmes gèrent leurs relations avec les hommes. Clo Mahajanga décrit la psychologie d'une femme malgache loin de son mari.

Sur un autre registre, la chanson intitulée *Raberanto mikalo* comporte un extrait qui vante l'aviation :

> Nandeha hitsikitsika letsy aho a!
> Niakatra ambony dia ambony
> Nidina ambany dia ambany
> Nivadika ambony sy ambany
> Tsy mety mianjera amin'ny tany.
> Fa inona àry izany? Fa inona àry izany?
> Ankamantatra ihany a!
> Fa inona àry izany? Fa inona àry izany?
> Roplanina hazo a!
> Nandeha MIG letsy aho a!
> Raha ny hafainganam-pandeha
> Manidina zato sy arivo.
> Roplanina tsara tarehy
> Vita avy any Corée!
> Roplanina mahitatahita
> Vitan'ireo sovietika!
> Fa iza àry izahay? Fa iza àry izahay?
> Tary amin'izany pays a!

Fa iza àry izahay? Fa iza àry izahay?
Raberanto mikalo a!

Traduction
Je suis allé me promener, mon ami !
Je suis monté très haut, très haut,
Je suis descendu très bas, très bas,
Je me suis renversé en haut et en bas,
Sans jamais tomber sur le sol.
Qu'est-ce donc ? Qu'est-ce donc ?
C'est une devinette, tiens !
Qu'est-ce donc ? Qu'est-ce donc ?
C'est un avion en bois !
J'ai pris un MIG, mon ami !
Quelle vitesse incroyable !
Il vole à des centaines et des milliers (de kilomètres à l'heure).
Un bel avion,
Fabriqué en Corée !
Un avion qui brille,
Construit par les Soviétiques !
Mais qui sommes-nous donc ? Qui sommes-nous donc ?
Dans ce pays-là !
Qui sommes-nous donc ? Qui sommes-nous donc ?
C'est Raberanto qui chante !
J'ai pris un MIG, mon ami !
Quelle vitesse incroyable !
Il vole à des centaines et des milliers (de kilomètres à l'heure).
Un bel avion,
Fabriqué en Corée !

MIG 17

Le groupe Raberanto, né dans les années 1980, du temps du régime Ratsiraka, est fasciné par les aéronefs. Le *hitsikitsika* est en réalité le RF. 5, un avion planeur biplace en tandem apte à la voltige mais aussi aux grands voltiges (Chauvreau, 2010, p. 14). Ratsiraka fait appel à Bernard Chauvreau, un pilote français, pour présenter le Fournier RF. 5, à l'occasion du 20e anniversaire de l'indépendance de Madagascar, le 26 juin 1980. Ce Fournier RF.5 obtient une immatriculation malgache 5R-MII. Chauvreau débarque à Madagascar, le 24 juin, à bord d'un Boeing 747 à destination d'Antananarivo *via* Djibouti. Ce jour du 26 juin 1980, il raconte que les MIG 21 de la base aérienne d'Ivato font plusieurs passages au dessus du stade de Mahamasina à 300 m, en présence du président Ratsiraka :

> Je reste donc en attente à proximité du stade en faisant quelques ronds au ralenti. À la radio, ça parle russe dans un imbroglio plutôt hermétique pour moi. Mais les MIG 21 sont au rendez-vous et passent en trombe au-dessus du stade, le bruit des réacteurs envahissant le ciel quelques instants. L'armée n'est pas très riche et ces appareils sont un peu démodés. Elle n'en a pas beaucoup d'ailleurs, trois ou quatre je crois. C'est l'apanage des pays émergeants. L'indépendance est encore récente.
> Alors, sans hésiter, je me pré sente à mon tour cap au nord-est. Me voici dans l'arène avec ma libellule à 100 mètres de hauteur et j'enchaîne plusieurstonneaux dans l'axe du stade juste devant le Président. Mais les MIG n'ont pas terminé. Ils en sont à leur deuxième passage, puis enfin un troisième, le dernier. Chacun respectant sa hauteur, tout se passe correctement.
> Les voilà partis et je reste seul sur le plateau. La scène est à moi, à moi tout seul. « Le sublime côtoie la catastrophe » m'avait dit un jour un copain voltigeur. Oui, je subis sans doute ce cabotinagemalsain fréquent en meetings et qu'on ne détecte pas forcément.

Je cesse mes tonneaux sur l'axe et reprends un peu de hauteur pour débuter une succession de « lazy eight » très accentués puisque le point bas frise la Vitesse maximum autorisée vers 10 mètres alors que le point haut en fin de ressource est à plus de 100 mètres. Vitesse optimale et hauteur onfortable pour déclencher un tonneau rapide. J'appelle ça le « lazy eight déclenché », car je positionne un tonneau au sommet des deux boucles du huit. La figure ressemble à un bouquet en forme de corbeille.
Comme cadre ? Tout simple ment le bol ovale du stade dans le quel j'évolue telle une bille (quid, le mur de la mort en moto dans les fêtes foraines de mon enfance ?). Le point bas ? La tribune officielle, comme il se doit. Tout en étant dans l'avion, et grâce à une sorte de dédoublement, je m'imagine être aussi sur les bancs de la tribune en train de suivre cette jolie libellule évoluant dans sa liberté débridée.
Je suis sorti du ring en sueur, mais heureux et j'ai regagné sage ment le tour de piste et la finale. Les MIG étaient déjà posés et ça ne parlait plus russe.
De retour à Ivato pour un pot d'honneur dans l'un des grands hangars de la base aérienne avec les autres pilotes et les autorités, aucun blâme à la clef à propos de mon rodéo. J'ai même appris avec satis faction l'enthousiasme malgache au tempérament naïvement expansif manifesté par le Présidentet sa suite.
Le RF.5 avait été baptisé « Hitsikitsiko » du nom chantant d'un petit oiseau exotique et volubile de Madagascar. Il était question de le construire en série et de l'utiliser par la suite à surveiller les côtes. « Tonga soa » la France ! (Chauvreau, 2010, pp. 16-17).

En fait, Ratsiraka se tourne vers les pays communistes pour se procurer des avions militaires très puissants. Plusieurs aéronefs militaires dans les pays de l'Est sillonnent le ciel malgache à partir de la fin des années 1970. Par exemple, le 6 novembre 1978, une escadrille d'avions de chasse MIG 17 prêtés par la République Populaire de Corée. Construit par Mikoyan-Gourevitch à partir de 1952, le MIG 17 renforce les forces aériennes des pays du pacte de Varsovie. Ce chasseur soviétique, fabriqué à plus de 6000 exemplaires, est muni d'un canon Nudelman N-37 de 37 mm (40 coups), deux Nudelman-Rikhter NR-23 de 23 mm (80 coups) et de 500 kg de charge sur 2 points d'ancrage, avec une haute performance (vitesse maximale de 1145 km/h, vitesse ascensionnelle de 1830 m/mn et distance franchissable de 1470 km) (Mikoyan-Gourevitch MiG-17 » : historique des versions, 2025). Le 9 mars 1979, les

Forces Aéronavales de Madagascar fait l'acquisition d'un triréacteur YAK 40, un aéronef de transport de fabrication soviétique et un an plus tard, le 23 février 1980, un autre. La même année, le régime Ratsiraka s'offre également un biturbopropulseur Antonov 26 de l'URSS et des avions de chasse tactiques soviétiques MIG 21. Ainsi, dans son inspiration, Raberanto est attiré par ces aéronefs de fabrication des pays de l'Est qui effectuent des vols non seulement à Antananarivo mais également à Toamasina lors des manifestations aériennes (fête de l'indépendance, fête de l'armée de l'air) (Penette, 2005, 54). D'autre part, il utilise la devinette comme une mise en scène pour attirer l'attention du public sur ce qu'il va présenter : une exaltation de l'aéronautique. Le rappel identitaire à la fin de la chanson est une plaidoirie en faveur de l'aviation malgache.

Eric Manana souligne l'importance de l'aéronef et prône l'importance de l'identité nationale à travers le drapeau malgache dans sa chanson nostalgique *Vorombe tsara dia* :

> Vorombe tsara dia
> Miloko mena, fotsy maitso iry
> Ampindramo ny elatrao aho mba hisidinako.
>
> **Traduction**
> Grand oiseau à la belle allure
> Rouge, blanche et verte là
> Prête-moi tes ailes pour que je puisse voler.

Eric Manana est un des membres du groupe *Lolo sy ny Tariny* des années 1970 qui véhicule les chansons protestataires au même titre que le groupe Mahaleo. Avec Rakotomanga Angelot (Lolo)[24], il choisit de rester en Europe tandis que les autres membres Bebey, Beni reviennent à Madagascar. Pour Eric Manana donc le grand oiseau symbolise l'avion, le rêve de retour au pays natal (Madagascar), d'une liberté enracinée dans l'identité nationale (drapeau blanc, rouge, vert). La citation de ces trois couleurs rappelle un rattachement à la patrie *Tanindrazana* et au peuple malgache. L'oiseau représente l'aéronef comme un moyen sûr pour raccourcir la distance et l'âme de l'exilé incapable de rejoindre un but quelconque. Eric Manana, marié à Jenny Führ, résidant à l'étranger, montre aux yeux des Européens et Malgaches que la langue malgache possède un vocabulaire pouvant remplacer le mot français avion ou les vocabulaires malgachisés *roplanina*, *roplana*, etc.

---

[24] - On prononce Lôlô en malgache.

Par ailleurs, la chanson de Tsialonina *Izany no malaza* prend une dimension politique. Il porte un regard critique sur la société malgache en dénonçant le gaspillage d'une minorité ayant le privilège d'acheter des produits à l'étranger.

> Fa tonga avy any Saint-Denis ireo mpanao *shopping*
> Antontan-tsilipy sy nikaty no mameno ny Boeing
> Mivesatra jean sy adidasy sy tsy mivingitra ragiragy
> ilay tolom-piavotan'ny Malagasy…
>
> Traduction
> Ils arrivent ceux qui font leur *shopping* à Saint-Denis
> avec leurs piles de culottes et de chaussures
> qui remplissent le Boeing.
> La révolution des Malgaches supporte des jean et Adidas
> et se fait sans agitation.

Tsialonina mentionne dans cette chanson satirique la ruée des Malgaches à La Réunion pour y acheter des produits et revenir les bras chargés d'objets de marque et de vêtements importés. Il trouve que les Malgaches s'engouffrent dans la société de consommation. L'engouement à la mode fait fureur et l'avion participe à cette situation critique. L'utilisation du malgache, de l'anglais et du français dans cette chanson illustre la guerre des mots à travers des termes et noms techniques et commerciaux (*Boeing*, *shopping*) ainsi que le discours de l'époque de la révolution socialiste (*tolom-piavotan'ny Malagasy*). Tsialonina met en garde les Malgaches au danger de la révolution de surface. En fait, au lendemain de l'arrivée du président Ratsiraka au pouvoir, les Malgaches souhaitent une révolution qui signifie « progrès et marche vers le futur » : « Dans la devise de la nouvelle République Démocratique Malgache, le mot révolution est traduit par Tolom-piavotana, de **Tolona** la lutte, et avotra qui a eu les sens successifs de : rachat des esclaves, rédemption (dans les textes chrétiens) et, en 1976, d'extirpation de l'impérialisme, de libération économique et culturelle » (Boiteau, 1976, p. 118).

III. 1.2. – La littérature et le cinéma

A Madagascar, l'aviation est réservée à une minorité qui possède les pouvoirs politique, économique, social, culturel et religieux mais non pas à la population malgache qui s'élève à 5 200 000 en 1961 (Razafimbahiny, 1961, p. 400). Des dirigeants politiques (Président de la République et Chef de Gouvernement, chefs d'institution), des hauts fonctionnaires de l'Etat, des dignitaires militaires et religieux, des indutriels ou patrons d'entreprises, des artistes de renommée internationale ont eu le privilège de voyager dans des avions civiles ou militaires à travers le monde. Les dirigeants choisissent les compagnies qui leur conviennent. Le secrétaire d'Etat à l'Information et au tourisme, Alfred Rajaonarivelo, effectue par avion régulier d'Air France à destination de Tanganyika, son voyage officiel le 6 décembre 1961 (« Actualités », 1961, pp. 1106-1107). Le président Tsiranana effectue des tournées intérieures dans différentes localités de la Grande Ile à bord de son hélicoptère Alouette 3[25] ou des avions d'Air Madagascar (Douglas C-47 Skytrain[26], …)

La revue *Fanevan'ny Tanora* de l'Eglise anglicane contribue à la valorisation de l'aviation à Madagascar au lendemain de l'indépendance en 1960. Plusieurs fidèles de cette église rapportent leurs voyages en Afrique, en France et en Angleterre dans ce périodique.

La jeune femme anglicane Rabakoarisoa Lucie a eu l'opportunité de réaliser un périple entre la France et Madagascar en passant par l'Afrique. Cette femme écrit et diffuse un récit de voyage intéressant en langue malgache dans son article intitulé *Ny dianay nankany Frantsa* publié par plusieurs numéros de ladite revue *Fanevan'ny Tanora*.[27] A l'issue de son voyage du lundi 18 juillet 1960 au mercredi 20 juillet 1960, elle ne cache pas son sentiment de bonheur et de stupéfaction d'arriver à l'extérieur : « Toa gaga koa amin'izany hoe tonga aty andafy ary toa nofy azy no fiheverana azy ! »[28] De même, le premier évêque anglican malgache Jean Marcel,[29] qui assiste à l'intronisation de la nouvelle province ecclésiastique en Afrique de l'Est en 1960 trouve que voyager en avion est un rêve irréalisable pour bon nombre de Malgaches.

Ainsi, Lucie Rabakoarisoa raconte son départ avec d'autres passagers à l'aéroport d'Ivato :

---

[25] - RANDRIAMPANALA Rivo, administrateur civil, interview, 14 décembre 2023 Bibliothèque nationale Anosy ; Il effectue des travaux sur les distinctions honorifiques civiles et militaires à Madagascar.

[26] - *Les débuts de l'aviation à Madagascar*, Exposition organisé à l'aéroport international Ivato, par la société Ravinala, le Musée de la Photo et le Ministère des Transports et de la Météorologie, lors de la célébration de la Journée de l'aviation civile internationale du 7 décembre 1944, décembre 2023

[27] - *Fanevan'ny Tanora*, n°27, Janvier-Mars 1961, pp. 70-71 ; n°28, Avril-Juin 1961, pp. 91-93 ; n°29, Juillet-Septembre 1961, pp. 103-104

[28] - *Fanevan'ny tanora*, n° 29, Jolay-Sept. 1961, p. 103 Traduction littéraire : « On est presque étonné d'arriver ici à *Andafy* et c'est comme un rêve.»

[29] - Ordination à Londres le 11 juin 1956

Ny marainan'ny alatsinainy 18 zole no niainganay teny Ivato tamin'ny avion militaire hoe « Le Sky ». Rehefa nipaika ny tamin'ny 3 ora maraina, ka efa tafiditra sy nahazo toerana tao anatin'ny voromanidina vy makadiry ny mpandeha rehetra 36 mianaka, dia nohidiana ny varavaran'ny fiara ary injany nampandihy ny hélices ny mpitondra. Tao anaty fiaramanidina aho dia nahare tsara ny firorororon'ny hélices mafy dia mafy tokoa mankarenin-tsofina. Dia nisosa moramora tamin'ny tany aloha ilay voromby, vao nandeha mafimafy hatrany, dia nijanona kely indra sady nampihodina mafy ny hélices-ny. Dia nisosa mafy tamin'izay ary nisondrotra niakatra tsikelikely any anatin'ny rahona.

Traduction : Le lundi 18 juillet au matin, nous avons quitté Ivato à bord d'un avion militaire baptisé « Le Sky ». A 3 h du matin, les 36 passagers ayant embarqué et pris place dans l'immense avion métallique, les portes furent fermées et le pilote démarra les hélices. A l'intérieur, j'entendais distinctement le vrombissement des hélices, si puissant qu'il était assourdissant. L'avion glissa lentement au sol, puis accéléra, puis s'immobilisa un instant et fit tourner vigoureusement ses hélices. Puis il plana régulièrement et s'éleva progressivement dans les nuages.

Pour sa part, dans la revue *Tantara sy Hevitra*, l'évêque Jean Marcel souligne uniquement les particularités africaines à travers sa visite du parc national de Nairobi au Kenya. Par rapport aux Jardins Zoologiques clôturés des autres pays étrangers qu'il a déjà visités, celui de Nairobi se distingue par la liberté totale des différents animaux qui s'y trouvent : lion, girafe, gazelle, chimpanzé, buffle, autruche… Il découvre également la beauté de cette ville de Nairobi avec ses 150 000 habitants, ses plusieurs hôtels et batiments administratifs, ses eglises. A travers son périple est-africain, l'évêque Jean Marcel tire des leçons et donne sa thèse : les Malgaches ne voyagent pas assez à l'extérieur à cause de leur isolationnisme et leur manque de moyens financiers. Il mentionne, par ailleurs, les avantages de voyager en dehors de Madagascar entre autres pour la promotion de l'identité malgache :

Koa manolo-tsaina ny Tanora malagasy rehetra aho mba hazoto hanao « voyages » indrindra fa any ivelan'i Madagasikara, raha vao misy fotoana mety. Fa rehefa manana saina matotra izy, mahalala ny maha-izy azy mahatsapa ny hajany sy ny voninahiny amin'ny maha-olombelona azy, dia hahasoa azy tanteraka ny fivezivezena na ara-batana na ara-tsaina na ara-panahy.

Traduction
Je conseille les jeunes Malgaches à faire des voyages à l'extérieur car ces voyages leur sont bénéfiques s'ils sont conscients de leur identité, leur honneur et leur gloire en tant qu'être humain.

Un autre article en malgache intitulé *Ny Diako tany Andafy* paru dans la revue *Fanevan'ny Tanora* en 1963 est également intéressant. Deux Malgaches en la personne du Vénérable S. Rafanomezana, de Mahanoro, et du Rév. B. Razafimanantsoa participent à un congrès du 13 au 23 août 1963, à Toronto au Canada. Ce dernier établit un compte rendu sur leur voyage qui passe par la France et l'Angleterre. La préparation du voyage, les procédures pour l'obtention du visa auprès des ambassades, les difficultés rencontrées pour faire des changes de devises (ariary malgache en francs CFA, en livre sterling, en dollar canadien), le déroulement du voyage (acquisition du billet auprès d'Air France à Antananarivo,… sont présentés par le Rév. B. Razafimanantsoa :

> Vita ny fiomanana rehetra ! Ny alarobia 17 juillet 1963 amin'ny 6 ora sy fahatelony hariva no voatondro fa hiaingan'ny fiaramanidina hitondra anay avy ao Arivonimamo. Misy fiarakodian'ny « Air-France » mitondra ny mpandeha avy eto Antananarivo mankany… Nanao dia be tohivakana ny mpandeha sy ny mpanatitra ka tamin'ny 4 ora mahery kely dia efa tonga tany Arivonimamo. Hita tamin'izany ny Mgr Jean Marcel mivady, Evekan'ny diosesy…ary Havana amantsakaiza sy zanaka ara-panahy be dia be!

> Fiaramanidina "Boeing 707 ity. Ny anarany dia "Château de Rambouillet". 46 metatra 60 no halavany. 43 metatra sy 40 nysakany avy amin'ny tendron'ny elany roa. 141 tonnes no lanjany. 23 tonnes no entana zakany. Lasantsy valo alina litres mahery no vatsiny. 950 kilaometatra isan'ora no fahafainganam-pandehany ary any amin'ny habakabaka 13 kilaometatra any ambony any no isosany. Tena "château" tokoa! Ny hakanton'ny ao anatiny ve ka hambara indray.

> Ao am-parany akaikin'ny rambony ao no misy ny trano fidiovana sy fivoahana… Ny tsininy dia vitsy loatra ireo tranokely ka amin'ny marainy iny dia milahatra mifampiandry mihitsy ny olona te-ho ao.

> Sahirana mafy ireo "hotesses" mitarika ny olona eo amin'ny toerany avy, ary mampiseho tsiky amin'ireto olona kivikivy sy maimaina be

ihany, fa sady malahelo ny havany nilaozany izy no tsiravindravina amin'ity milina be manidina hitaingenany…

Traduction

Toutes les préparations sont terminées ! Le mercredi 17 juillet 1963, à 18 h 15, est l'heure fixée pour le décollage de l'avion qui doit nous emmener depuis Arivonimamo. Un car d' « Air France » transporte les passagers depuis Antananarivo jusqu'à l'aéroport… Les voyageurs et leurs accompagnateurs ont fait le trajet en grande procession, si bien qu'à un peu plus de 16 heures, ils étaient déjà arrivés à Arivonimamo. On remarquait parmi eux Mgr Jean Marcel et son épouse, l'évêque du diocèse…, ainsi qu'un très grand nombre de proches, d'amis et d'enfants spirituels !

L'avion est un Boeing 707. Son nom est « Château de Rambouillet ». Il mesure 46 mètres 60 de long. Il a une envergure de 43 mètres 40 d'un bout d'aile à l'autre. Il pèse 141 tonnes. Il peut transporter 23 tonnes de chargement. Il consomme plus de huit mille litres de carburant. Sa vitesse est de 950 kilomètres par heure et il vole à environ 13 kilomètres d'altitude. C'est vraiment un "château" ! Quant à la beauté de l'intérieur, faut-il encore la décrire ?

À l'arrière, près de la queue de l'avion, se trouvent les toilettes… Leur défaut est qu'il y en a très peu, si bien qu'au petit matin les passagers font la queue et attendent leur tour.

Les hôtesses sont très sollicitées pour guider chacun à sa place, tout en adressant des sourires à ces passagers un peu déconcertés et desséchés, partagés entre la tristesse d'avoir laissé leurs proches et l'appréhension devant cette énorme machine volante sur laquelle ils voyagent…

D'autre part, le roman intitulé *Voromby* du Pasteur Randriamiadanarivo propose un autre vocabulaire pour désigner l'aéronef. Pourtant ce vocabulaire, qui s'approche de la réalité de l'aviation (un oiseau en fer) n'arrive pas à s'imposer dans le langage de l'aviation du fait de l'absence d'une décision officielle pour son adoption.

Par ailleurs, dans le film *Malok'ila*, l'aviation occupe une place importante même si son thématique touche plutôt des aspects quotidiens et politiques. Les spectateurs connaissent par cœur plusieurs phrases cultes de ce film entre autres : « Tandremo ianao sao mirobaroba Raly an ! » (Fais attention, Raly, tu risques de gaspiller), « Ataovy amin'ilay tsy hitan'ny olona ! » (Fais-le à l'endroit où personne ne te verra ! » Les deux familles rivales de Rajao et Randrenja baignent dans le monde de l'aéronautique : fouille à l'aéroport, évacuation sanitaire (Medevac) à travers l'aéronef de la Compagnie Air Madagascar, ... Le film *Malok'ila* souligne l'importance de la sûreté aéroportuaire, du fret aérien, du transport aérien en général pour une île comme Madagascar. En outre, il allie humour, réalisme et critique sociale. Tout le monde au quotidien connaît les acteurs de *Malok'Ila* qui perdent même leur vraie personnalité. Rajao, Randrenja, Ramery ou Ramersedesy, Ralay, Pasitera, Raly, Bakoly, Fetra...deviennent des personnages réels dans la société malgache. Ils font partie d'une génération qui vient de succéder à celle, précédente composée, d'éminents acteurs et actrices (Vahandanitra, Harinaivo, Solofo José, Daoily, Zoly, Clotilde, Clara, etc.) de la radio nationale malgache dont certains sont célèbres aussi dans le monde du septième art (Aimé, Nirina, Gégé Rasamoely) ... En vérité, le producteur du saga *Malok'ila*, Scoop Digital, s'efforce de populariser implicitement le voyage en avion à travers la projection de ce film partout à Madagascar et aussi à l'étranger.

III. 2 – Trilinguisme utilitaire

A Madagascar, à partir de 1960, le trilingisme est une réalité indéniable dans le domaine de l'aéronautique.

III.2.1 – Cohabitation linguistique incontournable

Les trois langues, français, anglais et malgaches, peuvent coexister sans conflit en s'ajustant les uns aux autres.

III.2.1.1 – Le français : langue officielle d'administration

La langue française maintient son statut de langue du ciel, quel que soit le régime en place. Elle occupera une place stratégique pour la formation et la rédaction de la réglementation nationale. Ainsi, les textes juridiques sont rédigés en faveur de la langue française : ordonnance n°60-146 du 03 octobre 1960 relative au régime foncier d'immatriculation.

L'indépendance de Madagascar en 1960 marque la fin du contrôle administratif français. Pourtant, l'utilisation de la langue française demeure active sous le régime Tsiranana. En février 1965, ce dernier s'occupe de la réunion qui voit la naissance de l'Organisation commune africaine et malgache (OCAM) qui devient plus tard

Organisation internationale de la Francophonie (OIF) avec en 1966 la définition de l'utilisation du français comme langue nationale, langue officielle ou langue d'usage. L'année suivante, les parlementaires malgaches choisissent d'intégrer l'Assemblée parlementaire de la Francophonie (APF). En 1970, Madagascar est membre fondateur l'Agence de coopération culturelle et technique (ACCT).

Les Malgaches qui viennent d'obtenir leur indépendance sont élevés et formés sous la moule linguistique française. En 1972, « douze ans après 1960, la langue et la culture française toujours dans le pays » selon Michel Rambelo étudiant en lettres à l'époque (13 mai 1972 : le jour où Madagascar a acquis son deuxième indépendance, 2025).

Le nouvel État malgache hérite d'un appareil aéronautique français. Les termes utilisés dans les infrastructures, la documentation, les procédures et les manuels techniques sont en français. Les coopérants français et étrangers forment les jeunes malgaches à travers les cours donnés en langue française.

Les ingénieurs et les techniciens formés sous le régime colonial deviennent les premiers cadres de la future compagnie Air Madagascar. Le français reste la langue officielle de la formation et des communications aéronautiques. En 1963, les premières hôtesses de l'air malgaches (Odette Razanampararany, Francine R., Beryl R., Marcelline Raozy-Dubois, Marie-José Ratrimoarivony-Ramelison, Mireille R., Voahangy Ramahaison, Renée R. et Rachelle R) suivent une formation à l'Ecole des infirmières-pilotes et secouristes de l'air (ISPA) à Paris (Rabemananoro, 2006, p. 31).

Plusieurs procédures internationales sont rédigées en français. La presse française soutient l'aviation malgache à partir de l'indépendance notamment à travers la promotion de la destination Madagascar. Cette stratégie offre des avantages mutuels pour le développement économique de la France et Madagascar en matière de tourisme et de transport aérien notamment les deux compagnies aériennes Air Madagascar et Air France.

La revue mensuelle *France-Aviation* dans son édition spéciale du 15 février 1970 diffuse deux articles rapportant les particularités de la Grande Ile. Le premier article est un reportage d'Alexis de Belinko, Directeur de la Publication, intitulé « Madagascar, reine de l'Océan Indien » (Belinko, 1970, pp. 1 ; 4). Rien qu'en houille blanche, par exemple, ses réserves sont évaluées à 17 millions de KWH. » Il souligne que les richesses du pays de la Grande Ile se manifestent également par la variété de ses paysages (cirques de volcans éteints à Antsirabe, baobabs et savanes) qui font sa spécificité et son originalité : « Malgré cette variété de paysages, elle n'est ni polynésienne, ni indonésienne, ni africaine ni même auvergnate. Madagascar est avant tout malgache. » Quoi qu'il en soit, l'espoir est permis car l'avion se pose en véritable sauveur ou libérateur de Madagascar à la fin des années 1960. Selon Alexis de Belinko, « aujourd'hui le maléfice est conjuré et l'avion, cet incomparable instrument de relations humaines, qui a fait son apparition il y quelque 35 ans, « désenclave » la Grande Ile. Il l'unit à l'Europe, à l'Afrique, à l'Asie bientôt à l'Amérique, tandis qu'à l'intérieur de l'île fonctionne l'un des réseaux aériens les plus denses du monde. » Pourquoi ce point de repère ? Le Directeur de la Publication se réfère à 1935, parce que c'est l'époque de l' « âge d'or » de l'aviation coloniale durant le mandat du gouverneur général de Madagascar et Dépendances Léon Cayla qui s'investit dans la mise en place des infrastructures aériennes. D'ailleurs, il collecte des arguments en faveur de la compagnie nationale malgache : « Ici, les transports aériens ont contribué à la création de routes terrestres et de courants économiques et culturels… Air Madagascar continue l'œuvre de la Régie Malgache et d'Air France,… multiplie liaisons régulières long-courriers,….[assure] toutes les liaisons intérieures, met à la disposition de l'Administration et des grandes sociétés industrielles des appareils légers pour leurs besoins particuliers, contribue à la fertilisation des terres avec une flotte d'avions de saupoudrage. D'autre part, le second article purement aéronautique intitulé « Air Madagascar », publié par la revue *France-Aviation* appartient au journaliste malgache Thomson Andriamanoro.[30] Ainsi, à son tour, ce dernier évoque le rôle de cette compagnie dans le développement de l'économie nationale et ses activités (historique, personnel, flotte, services techniques, services à bord).

En 1960, la compagnie nationale malgache, Air Madagascar, travaille en étroite collaboration avec la compagnie nationale française, Air France, qui assure la maintenance et la formation ; la langue de la documentation utilisée est le français.

Les renseignements en français prédominent dans le nouvel aéroport construit par Tsiranana en 1967. Le 28 avril, un timbre avec mention « Premier jour / Histoire de l'aviation à Madagascar 28 Avril 67 » a été émis et mis en vente. Il évoque deux dessins d'avion et (Biplan de Dagnaux et Dufert) réalisé par le français Pierre Gandon.

Du temps de la Révolution socialiste, à partir de 1975, le français perd son statut de langue officielle de langue d'enseignement à la langue étrangère (L'Hôte, 2019, p. 8) Pourtant, l'usage de cette langue dans le domaine de l'aviation se maintient malgré

---

[30] - « Air Madagascar », *France-Aviation*, 17ᵉ année, n° 183, 15 février 1970, p. 1-3

l'orientation marxiste du régime Ratsiraka et son effort de malgachisation dans tous les domaines. Le personnel navigant et les techniciens continuent à utiliser les manuels français, parfois traduits de manière partielle. L'enseignement est dispensé en français et les évaluations sont normalisées selon les référentiels européens. Le français reste la langue d'enseignement, au sein de l'Ecole Nationale d'Enseignement de l'Aéronautique et de la Météorologie, fondée le 12 septembre 1975 sous le régime Ratsiraka pour « créer des professionnels compétents et engagés » (ENEAM, 50 ans de formation aéronautique, 2025).

La politique de désengagement de l'Etat à la fin des années 1990 voit la création de plusieurs organismes sous tutelle. Dans le domaine aéronautique, une autorité de régulation et de supervision a été instituée en 1999. En tant que pays francophone, l'appellation choisie est en français : Aviation Civile de Madagascar.[31] Ce choix est en phase avec la langue administrative utilisée par les autres entités évoluant dans ce domaine : l'ASECNA et Air Madagascar qui existent depuis le début de l'indépendance de la Grande Ile. En 2000, le premier Directeur général de cet Etablissement Razafy Robert opte pour slogan « Le meilleur de nous-même, pour la sécurité ». En 2004, le DG Randriamahandry François-Xavier y ajoute quelques mots pour devenir : « Le meilleurs de nous-même pour la sécurité, en agissant en professionnel ». Il trouve que l'engagement ne suffit pas : il faut aussi faire preuve de méthodes, de rigueur et de standard. Il impulse un cap nouveau dans le domaine de l'aviation, surtout après la crise politique de 2002 qui frappe de plein fouet le secteur aérien à Madagascar. Il renforce la légitimité et la confiance de l'Aviation Civile de Madagascar vis-à-vis de l'extérieur.

Depuis les années 2000, le *Tournaero* rassemble tous les professionnels du secteur aérien. Les deux Directeurs généraux de l'Aéroport de Madagascar (ADEMA) Ramasitera Ralph et de l'Aviation Civile de Madagascar s'occupent de l'organisation générale de ce tournoi sportif qui voit la participation de tous les professions dans l'aviation (compagnies aériennes, entreprises de handling, gestionnaires d'aéroport, autorités, etc.) Le jeu corporatif *Tournaero*, qui vient de la formule tournoi + aéronautique, ne concerne pas seulement des sports individuels et collectifs (football, volley-ball, basketball, pétanque, badminton, tennis de table, etc.) mais également des jeux (échecs, fanorona) et art oratoire malgache *kabary*, des danses et chants. L'objectif du *Tournaero* est de renforcer la cohésion, favoriser l'esprit de cohésion,

---

[31] - Décret n°99-124 du 17 février 1999 portant organisation de l'aviation civile ; Décret n°99-125 du 17 février 1999 fixant les modalités de financement de l'aviation civile ; Décret n°99-821 du 20 octobre 1999 fixant les statuts de l'Aviation Civile de Madagascar

promouvoir la santé des travailleurs et des membres de la famille, de valoriser les talents de chaque employé. Il constitue une occasion pour les passionnés de l'aéronautique de se réunir dans un élan de solidarité lié au sport. Les joueurs et les membres de leur famille de chaque entité arborent leurs habits marquant leur logo (polo, T-shirt, survêtement, casquette…) Des collations sont partagées aux personnels et membres de la famille durant le *Tournaero* qui se déroule durant les week-ends dans des lieux un peu à l'écart de la capitale (Vontovorona, Andakana Ambohidratrimo, Ambohimalaza…). En 2024, les entités dans le domaine aéronautique adoptent une nouvelle formule appelée *Jeux corporatifs Miara-dia* 3.0 qui maintiennent toujours l'esprit de solidarité. La culture d'entreprise commune, la solidarité professionnelle, l'intégration des nouvelles recrues sont toujours assurées. Bref, cet événement sportif renforce l'image du secteur aérien à Madagascar.

Le français domine encore dans la rédaction des sites Web de l'autorité de l'aviation civile (Aviation Civile de Madagascar) et des exploitants (*Madagascar Ailines*, ASECNA, *Ravinala Airports*). Les publications relatives à l'aéronautique ou domaines connexes sont également rédigées en langue française. Le site Web de l'ACM publie des textes juridiques et réglementaires sur l'aviation : loi, décrets, arrêtés, décisions, notes, règlements aéronautiques (RAM). La publication sur *facebook* prend également de l'importance. Les acteurs du secteur aérien utilisent ce moyen de communication pour faire connaître des nouvelles sur leurs activités. L'ASECNA dispose d'une plateforme en ligne qui édite et met à jour l'AIP (*Aeronautical Information Publication*) sur les activités et services dans l'espace aérien qu'elle gère. En outre, cette Agence possède une périodique, « Sécurité aviation : magazine de l'ASECNA », consacré à la sécurité et à la navigation aérienne.

III.2.1.2 – L'anglais, une exigence internationale

L'adoption de la Convention de Chicago le 7 décembre 1945 donne une suprématie à la langue anglaise dans le domaine aéronautique. L'usage de l'anglais est à la fois une exigence et une nécessité. Les instances internationales (OACI, IATA) se communiquent en anglais. La maîtrise de cette langue est indispensable pour les experts et les techniciens malgaches ou étrangers qui travaillent à Madagascar. Des Malgaches suivent des formations ou stages dans des écoles aéronautiques reconnues par l'OACI : *Singapore Aviation Academy*, *East African School of Aviation (EASA)* au Kenya, *Air Traffic and Navigation Services – Aviation Training Academy* en Afrique du Sud, … Les cours dispensés par ces centres se font en anglais. Dans les années 2000, l'Aviation Civile de Madagascar envoie ses techniciens pour apprendre l'anglais général au programme de formation organisé par l'Ambassade des Etats-Unis à Madagascar (*English Training Program*). Ce programme constitue un espace de rencontre entre les techniciens des différents organismes ou organisations à Madagascar (Air Madagascar[32], Ambassade des Etats-Unis, Ministère de l'Agriculture, compagnie pétrolière Shell, etc.). L'apprentissage se fait à plusieurs niveaux : débutant, intermédiaire, avancé. Ceux qui veulent approfondir peuvent s'inscrire pour l'anglais des affaires. Ainsi des experts et techniciens malgaches (inspecteurs) de l'ACM effectuent des missions de travail (certification, supervision) dans plusieurs pays anglophones (Etats-Unis, Afrique du Sud). Pour les compagnies aériennes, les normes et pratiques recommandées de l'OACI exigent l'acquisition d'un minimum de niveau d'anglais pour les pilotes. En réalité, la communication entre les pilotes et la tour de contrôle s'effectue en anglais.

Le président Ravalomanana entend ouvrir Madagascar dans le monde anglophone qui possède des atouts non négligeables pour des opportunités d'affaires :

> L'ascension de Marc Ravalomanana commence en décembre 1999, lorsqu'il est élu Maire d'Antananarivo. Il n'appartient à aucun parti politique[33] et se fait reconnaître en tant que « *self-made-man* ». Né le 12 décembre 1949, dans le village d'Imerikasinina proche d'Antananarivo, il y grandit et fait ses études dans des écoles confessionnelles. Il commence la fabrication artisanale de yaourts dans le cadre de la laiterie familiale et bénéficie de stages en Norvège et au Danemark. Puis, grâce à un prêt de la Banque mondiale, il crée la société puis le groupe « Tiko », numéro un de l'agroalimentaire malgache (5 000 emplois directs et près de 100 000 indirects). Il devient ainsi une des plus grosses fortunes malgaches, diversifiant son activité avec deux sociétés de travaux publics (Alma, La compagnie de construction *malagasy*), un réseau de magasins en gros (Magro), puis une petite compagnie aérienne (Tiko-Air).
>
> Le Président Marc Ravalomanana est américanophile, ouvert à la mondialisation et compte diversifier davantage encore les relations du pays avec l'étranger. Premier signe, lors de son investiture : il

---

[32] - Actuellement *Madagascar Airlines*
[33] - Les cadres du groupe Tiko qui ont participé aux activités du gouvernement du temps de Ravalomanana sont qualifiés par le public de *Tiko Boys*.

accorde sa première interview en langue étrangère en anglais. Il faut dire que la reconnaissance tardive de son pouvoir par la France (après la Suisse, les Etats-Unis et l'Allemagne) reste encore marquée dans les esprits. Son attachement à la langue anglaise est antérieur à cet incident diplomatique, les étiquettes des bouteilles d'eau « *Olympiko* » sorties de son usine Tiko arborent déjà auparavant la mention : « *the natural water spring* ». A son arrivée au pouvoir, l'avion présidentiel est baptisé « *Force one* », le périphérique d'*Antananarivo* « *by pass* », et ce sont des « *task force* » qui gèrent les problèmes urgents du programme à mettre en place pour un « développement rapide et durable (Nicot-Guillorel, 2009, pp. 666-667).

Le régime Ravalomanana (2002 – 2009) envoie en 2004 des jeunes malgaches poursuivre des études supérieures en commerce, ingénierie dans des universités américaines (*Lipscomb University, Abilène Christian University*, etc.). Ces jeunes boursiers s'engagent à retourner dans la Grande Ile après leurs études et transmettent leur savoir-faire aux Malgaches. En outre, sous le régime Ravalomanana, le référendum sur la révision constitutionnelle du 4 avril 2007 introduit l'anglais comme langue officielle de Madagascar aux côtés du malgache et du français. Cette mesure vise à renforcer les relations internationales et à favoriser l'intégration de la Grande Ile dans les échanges mondiaux. Le changement de régime en 2009 au profit d'Andry Rajoelina met fin à cette initiative.

Les parties prenantes dans l'aviation diffusent des documents en anglais. Par exemple, l'ASECNA traduit dans cette langue la Convention de Dakar de 1959 révisée à Ouagadougou, Burkina Faso et adoptée à Libreville en 1974. La traduction de cette Convention dans des sites web permet à tous les acteurs impliqués dans le domaine de l'aviation partout dans le monde de comprendre son fonctionnement.

L'IATA (*International Air Transport Association*), une organisation mondiale créée en avril 1945 à Cuba, regroupant les compagnies aériennes et établissant des normes techniques, commerciales et opérationnelles, collabore avec le prestataire de service au sol *Madagascar Ground Handling* (MGH), créée en 2016, sur trois domaines : la mise en conformité ISAGO (*IATA Safety Audit for Ground Operations*), l'application des procédures IGOM (*IATA Ground Operations Manual*), et la formation du personnel selon les standards IATA (sécurité, marchandises dangereuses, services passagers). Cet exploitant est mentionné dans le site Web de l'IATA rédigé en anglais.

A travers la presse, à partir du juillet 2025, les Malgaches entendent partout le vocabulaire anglais « gate » dans le cadre de l'affaire des cinq Boeing 777-200 ER immatriculés provisoirement à Madagascar. Les journaux qualifient cette affaire de « Boeing 777 gate » en référence à des pratiques linguistiques anglo-saxonnes : *Watergate*, *Coreagate*, *Debategate*, *Filegate*…

III.2.1.3 – Le malgache, langue de communication nationale

Les techniciens malgaches dans le domaine de l'aviation sont obligés de communiquer en malgache entre eux, par manque de compétence linguistique et par habitude sociétale. Le malgache officiel, issu du parler merina, est véhiculé quotidiennement dans les moyens de communications (presse, journaux) mais les parlers régionaux restent en vigueur dans toute l'île.

Le régime Tsiranana entame une malgachisation progressive du monde aéronautique. En 1969, il choisit, par exemple, le nom *Boina* pour désigner l'appareil Boeing 737-200 immatriculé 5R-MFA, en référence à sa région d'origine (Rabemananoro, 2006, p. 33), un autre Boeing 737-200 est baptisé *Sambirano* (Rabemananoro, 2006, p. 159). Le régime Ratsiraka poursuit cette malgachisation en baptisant un Boeing 747 *Tolom-piavotana*, un défi à l'endroit de l'ancienne puissance coloniale.

Les mouvements estudiantins de 1972 produisent plusieurs vocabulaires contestataires comme *rotaka* et *jomaka*. Déjà, la conceptualisation de la malgachisation pose problème. Les manifestants réclament le *fanagasiana*, qui est un mot ayant un sens diminutif. En effet, le vocabulaire *gasy* couvre une réalité ne faisant pas l'honneur de Madagascar. Les mots associés au mot *gasy* qualifient quelque chose de mauvaise qualité. Par exemple : *vita gasy* (fabriqué à la façon malgache), *raozy gasy* (une petite rose). Les Malgaches recourent au fameux *gasio*, c'est-à-dire se rendre à des talismans ou tradipraticiens malgaches face à des maladies incurables. La notion d'*Ady gasy* se prévale pour pallier les problèmes nécessitant des règlements juridiques ou judiciaires.

Alors que la signification exacte de malgachisation est *fanamalagasiana*, les Malgaches n'utilisent pas ce mot, qualifié de trop long. Les Malgaches réclament la malgachisation du contenu ou de la teneur de l'enseignement, ce qui serait une entreprise difficile pour un pays colonisé par une puissance coloniale qui a imposé sa langue, le français, depuis plus de 60 ans.

Ainsi, la crise identitaire continue jusqu'à nos jours. En 1973, Bekoto du groupe Mahaleo issu des mouvements de 1972, compose la chanson *Lendrema*, qui reste célèbre car les faits racontés dans cette chanson sont toujours d'actualité. Bekoto dénonce les injustices sociales et utilise des vocabulaires non-dits par la société malgache :

>Nony maty Ndrema dia lamba mena tamin'ny gony
>sy vatam-paty natao tamin'ny kesika ny azy.
>Nony maty Ndrema tsy nisy nandevina zandry a!
>Nony maty Ndrema mbola velona ny zanany
>Zaza kamboty navelan-i Ndrema
>Teraka latsaka tany an-tsena
>Zanak'andevo tsy maha-te ho tia
>Zaza maditra tsy vita sonia.
>Izy no zana-bahoaka…
>Na dia zanaka jomaka aza izy
>Nahoana no dia ihomehezana fotsiny
>Sy atahorana.
>
>Nony maty Ndrema dia lamba mena tamin'ny gony
>sy vatam-paty tamin'ny kesika ny azy.
>Nony maty Ndrema tsy nisy nandevina zandry a!
>Nony maty Ndrema mbola velona ny zanany
>Zaza kamboty navelan-i Ndrema
>Teraka latsaka tany an-tsena
>Zanak'andevo tsy maha-te ho tia
>Zaza maditra tsy vita sonia.
>Izy no zana-bahoaka…
>Na dia zanaka jomaka aza izy
>Nahoana no dia ihomehezana fotsiny
>Sy atahorana.
>Nony maty Ndrema dia lamba mena tamin'ny gony
>sy vatam-paty tamin'ny kesika ny azy.
>Nony maty Ndrema tsy nisy nandevina zandry a!
>Nony maty Ndrema mbola velona ny zanany

Zaza kamboty navelan-i Ndrema
Teraka latsaka tany an-tsena
Zanak'andevo tsy maha-te ho tia
Zaza maditra tsy vita sonia.
Izy no zana-bahoaka…
Na dia zanaka jomaka aza izy
Nahoana no dia ihomehezana fotsiny
Sy atahorana.
Nony maty Ndrema dia lamba mena tamin'ny gony
sy vatam-paty tamin'ny kesika ny azy.
Nony maty Ndrema tsy nisy nandevina zandry a!
Nony maty Ndrema mbola velona ny zanany
Zaza kamboty navelan-i Ndrema
Teraka latsaka tany an-tsena
Zanak'andevo tsy maha-te ho tia
Zaza maditra tsy vita sonia.
Izy no zana-bahoaka…
Na dia zanaka jomaka aza izy
Nahoana no dia ihomehezana fotsiny
Sy atahorana.
Zanak'i Ndrema
Mizara vary amin'ny zanak'alika!

Traduction
Quand Ndrema est mort,
Son linceul était un sac de jute rouge,
Et son cercueil, une simple caisse de bois.
Quand Ndrema est mort,
Personne n'est venu l'enterrer !
Quand Ndrema est mort,
Son enfant est encore en vie,
L'orphelin laissé par Ndrema
Est né sur le marché
Enfant d'esclave que personne ne veut aimer
Enfant turbulent et illégitime
C'est pourtant lui, le fils du peuple…
Même s'il est le fils d'un voyou,

> Pourquoi donc se moque-t-on de lui seulement,
> Et pourquoi a-t-on peur de lui ?
> L'enfant de Ndrema
> Partage du riz avec les chiots !

Dans une ambition nationaliste, le régime Ratsiraka entend mettre en place le *malagasy iombonana*, ou malgache commun, à partir du milieu des années 1970. Ce projet consite à construire une langue qui unit les Malgaches en dépassant la suprématie du parler merina, considéré comme langue officielle, et en rehaussant les parlers régionaux ou dialectes côtiers à travers l'enseignement aux enfants et jeunes malgaches.

Mais le projet est difficilement réalisable car les professeurs aux collèges ou lycées originaires des Hautes Terres ne maîtrisent pas les parlers régionaux. En outre, engagée avec une vitesse grand V, la malgachisation connaît des limites : les collégiens et lycéens utilisent des vocabulaires difficilement assimilables dans les matières scientifiques : *tamakoa* (ampoule), *vatoaratra* (pile). Plus tard, les générations de l'ère de la malgachisation s'adaptent difficilement au cours en français à l'université.

Le *Boky mena* (livre rouge) de Ratsiraka contient les idéologies marxiste-léninistes qui guident la vie des Malgaches, marquée par la pénurie des produits de première nécessité et de produits essentiels. Des jeunes des partis AREMA (Avant-Garde de la Révolution malgache), AKFM (*Antoko Kongresista ny Fahaleovantenan'i Madagasikara*) bénéficient de bourses dans les pays de l'Est (Union des Républiques Socialistes Soviétiques, Roumanie…). Des livres et recueils de poèmes en malgache sont publiés sous le régime Ratsiraka. Les œuvres des poètes et écrivains malgaches comme Dox, E.D. Andriamalala, Clarisse Ratsifandrihamanana, Jean Nalisoa Ravalitera sont intégrées dans les programmes scolaires. Assez souvent, les citations d'E.D. Andriamalala, dans son essai littéraire *Fanagasiana* (malgachisation), font l'objet de sujets de baccalauréat pour la matière malagasy.

Les auteurs du livre scolaire se heurtent à des difficultés de traduction des textes en français, à l'instar d'Alphonse Rakotozafy. En 1978, cet enseignant écrit un livre de lecture intitulé *Ratsimba valo mianaka* pour les cours élémentaires et moyens et les écoles rurales. Il explique que les auteurs malgaches ne s'accordent pas généralement sur l'écriture des mots ayant plusieurs sens. Il écrit en un seul mot le mot malgache composé de plusieurs mots désignant une chose par exemple : *masoandro, voninkazo, raiamandreny, fitotoambary, fandefasampeo, vaingandrano, vaingandranomandry, fakantsary*. Il trouve que cette façon d'écrire est légitime si on s'accorde à dire, par exemple, que *fitotoambary* désignant *laona, fanoto* et *milina* et fitotoam-bary, la manière de moudre le riz. En outre, il retient les mots en français ou en anglais fréquemment utilisés par les Malgaches, tels que : *birao, telegrama, latabatra, aeroplanina*. Pourtant, il souligne que les mots étrangers ayant un son o sont écrits avec accent circonflexe comme *telefôna, ôtômobilina*. Il ose garder les mots étrangers dans son livre pour éviter, d'une part, le changement du son de ces mots si on les écrit à l'aspect malgache, et d'autre part, les confusions, par exemple : *banc, ban, frein, carburateur, Petromax, fauteuil*. Ainsi, son livre traite plusieurs thèmes y compris l'aéronautique, à la page 109. Il maintient des mots en français sur l'aéronautique : le titre même « Ny avion » puis aérodrome :

Ny Avion
Mandalo tsy tapaka eo ambony tananany, mianavaratra sy mianatsimo ny avion. Misy ngeza be misy antontonony. Misy fotsy,... misy aza anankiray izay manopy maitso.
Fa tsy mbola nahita avion akaiky mihitsy aho.
Koa hafaliana moa ny ahy raha nilazan'Idada fa hijery avion eny amin'ny aérodrome izahay.
Tiako ho hita tokoa ny aérodrome indrindra ange fa izay fomba ialan'ny avion ambonin'ny tany na ny fomba fipetrahany. Tiako ho fantatra na toy ny vorona manidina na mipetraka.
Lehibe tokoa ny aérodrome, ary marin-tampona tanteraka. Misy arabe mifanapatapaka malalaka sady mahitsy tokoa.
Kely no fijery ny avion manidina, fa ngeza dia ngeza raha tazanina akaiky.
Kodiarana matevina sady avobe no mikasika ny tany ary mitovy habe amin'ny tafon-trano ny elany sy ny rambony.
Izany izy rehefa hanidina: maneno mankarary sofina, ary misosa haingana dia haingana, vao misondrotra moramora.
Toa tsy mba ho sahy handeha amin'iny avion iny aho!

Traduction
L'Avion
Ils passent sans cesse au-dessus de notre ville, les avions allant vers le nord et vers le sud. Il y en a de très beaux, chacun avec son style. Certains sont blancs, ... et il y en a même un qui est vert.
Mais je n'ai jamais vu un avion de près.

> C'est donc une grande joie pour moi quand mon père a dit que nous irons voir des avions à l'aérodrome.
> Je veux vraiment voir l'aérodrome, surtout pour comprendre la façon dont les avions s'élancent dans le ciel et la manière dont ils atterrissent. Je veux savoir s'ils volent comme des oiseaux ou s'ils se posent.
> L'aérodrome est vraiment grand, et parfaitement bien entretenu. Il y a de larges routes qui se croisent et qui sont bien droites.
> On ne voit pas bien les avions quand ils volent, mais ils sont magnifiques vus de près.
> Leurs roues sont épaisses et grandes, et leurs ailes et leurs queues ont à peu près la taille d'un toit de maison.
> Voilà à quoi il ressemble lorsqu'il décolle : il fait un bruit perçant, et glisse très vite avant de s'élever doucement.
> On dirait que je n'oserais jamais monter dans cet avion !

En fait, le texte exprime une fascination pour l'inconnu et la nouveauté. L'auteur souligne le rôle du père dans la transmission du savoir dans la société malgache. En outre, il établit une comparaison entre l'avion et l'oiseau afin de favoriser le développement de l'imagination et de la pensée critique des élèves. En retenant délibérément les vocabulaires « avion » et « aérodromes », il valorise la curiosité scientifique et l'exploration. Enfin, la phrase finale traduit une peur instinctive de l'inconnu.

Les groupes folkloriques contestataires issus des mouvements estudiantins de 1972 véhiculent des chansons engagées *hirahira vokatry ny tany* (chansons du terroir). Les groupes tels Mahaleo, Lolo sy ny Tariny produisent et empruntent des vocabulaires populaires comme *rotaka* (mouvement populaire ou grève peut être issu de l'anglais *riot*), *jomaka* (voyou), *dimbaka* (voyou), *monjy* (repas), *keta* (deux francs), *kodiny* (un franc) … Parallèlement, des groupes qui valorisent le *bas gasy* (Rakotozanany Stanislas, Sakeli-dalana,) utilisent des vocabulaires plus classiques et moins protestataires dans leurs chansons (*Tao anaty aizim-pito*, *Voahangy*, …). Dans les années 1990, les chansons *Vazo miteny* (chansons à texte) plus virulentes et satiriques emboîtent le pas des chansons du terroir. Elles dénoncent directement les problèmes de la société malgache. Les chansons de Tsialonina (*Izany no malaza*), Sareraka (*Soary*), Samoela (*Areheto ny poteau*) entre autres sont classées dans cette catégorie. A partir de 1975, pour rattraper le retard dans la promotion des chansons malgaches autres que les chants classiques et traditionnels merina, le régime Ratsiraka soutient les chansons régionales sous le label *Kaiamba*. Ces chansons qui valorisent généralement la culture linguistique des Malgaches des régions sont diffusées dans la radio nationale et vendues sous format disque vinyle. Plusieurs titres du label Kaiamba sont très appréciés non seulement à Madagascar mais également à l'étranger : *Mafy be*, *Tambitamby lava* de Jean Freddy ; *Aporatiana*, *Fehiloha mena* de Jean Kely sy Basta, *Soanada* de Tianjama, etc.

Sur le plan juridique, depuis 1960, des efforts ont été menés par les régimes successifs pour donner une valeur juridique à la langue malgache face à la suprématie du français. Sous le régime Tsiranana, le *Code de procédure pénale,* respectivement, dans ses articles 71 et 91 remet à niveau la langue nationale : « Il doit au préalable s'assurer que ce défenseur entend et parle la langue malgache ou la langue française, et il l'avertit qu'il ne doit rien dire contre sa conscience ou contre le respect dû aux lois et qu'il doit s'exprimer avec décence et modération… ; L'huissier ou le greffier significateur doit remettre au destinataire détenu une traduction de la décision ou de l'acte signifié soit en langue malgache, soit en langue française s'il en est requis par l'intéressé. » De même, l'article premier de l'arrêté n° 2963 du 26 décembre 1962 fixant les jours et heures d'audience des cours et des tribunaux stipule que : « A la porte de chaque salle d'audience sera affiché en langue française et en langue malgache, un tableau indiquant dans quel bâtiment et quelle salle se tiennent les différentes audiences. »

Par ailleurs, Tsiranana redynamise l'Académie malgache, une institution existante depuis la colonisation française. Dans ses articles premier et 11 du décret n° 93-302 portant réorganisation de l'Académie malgache et abrogeant le décret n° 69-024 du 16 janvier 1969, les questions linguistes sont au cœur des changements : « L'Académie malgache, placée sous la haute protection du chef de l'État, a pour but l'étude de toutes les questions linguistiques, littéraires, artistiques, historiques et scientifiques concernant Madagascar. Elle a vocation à exercer les attributions d'une "Académie nationale des arts, des lettres et des sciences ». L'Académie malgache se compose de 80 membres titulaires et de 80 membres associés, résidant à Madagascar. Elle est divisée en quatre sections : Sciences de l'art et du langage, Sciences morales et politiques, Sciences fondamentales, Sciences appliquées. »

A la fin du mandat de Ratsiraka, la loi n° 90-028 du 10 décembre 1990 modifiant certaines dispositions de l'ordonnance n° 60-146 du 03 octobre 1960 modifiée par celle n°62-036 du 19 septembre 1962 et n° 74-034 du 10 décembre 1974 relative au régime foncier de l'immatriculation, respectivement dans ses articles 51, 85 et 97 donne une valeur juridique aux deux langues : « Le jugement sera rendu après trois publications ordonnées par le juge à dix jours au moins d'intervalle, annonçant en français et en malgache la perte du titre et la demande d'annulation de la grosse au Journal officiel et dans un journal en langue malgache édité par l'administration. Tout requérant de l'immatriculation doit déposer au conservateur de la propriété foncière qui lui en donne récépissé : Une déclaration en langue française ou malgache, signée de lui ou d'un mandataire spécial... ; Cet avis doit être publié au *Journal officiel* en langue française et malgache avec référence à la date de publication de la réquisition initiale. (N° J.O: 2036 Date J.O: 24 Décembre 1990 Page J.O: 2504). En 1998, le décret n° 98-945 portant Code de déontologie médicale, en son article 76 stipule : « Tout certificat, ordonnance, attestation ou document délivré par un médecin doit comporter sa signature manuscrite. Il doit être daté et rédigé lisiblement en langue malagasy ou française. » Le décret n° 99-716 du 8 septembre 1999 sur le registre du commerce et des sociétés, en ses articles 62 et 64 respectivement, précise : « Les pièces déposées sont traduites, le cas échéant, en langue malgache ou française et les copies sont certifiées conformes par les déposants ; Ces copies doivent être déposées par le représentant de la société ou l'introducteur des titres à Madagascar. Les statuts doivent être traduits en langue malgache ou française, s'il y a lieu. »

En outre, dans le domaine de l'enseignement et de la formation, l'article 25 de l'arrêté n° 15823/2001-MINESEB portant organisation du Brevet d'études du premier cycle de l'enseignement secondaire (BEPC) et du concours d'entrée en classe de seconde des établissements publics d'enseignement général (2002) précise que les épreuves…seront libellées en malagasy et en français à l'exception des épreuves de langue. » De même, l'article 30 du décret n° 2005-851 portant création de l'Institut de formation professionnelle des avocats de Madagascar souligne l'inclusion des techniques de communication et d'expression orale et écrite, la langue malgache et une langue vivante étrangère. »

III.2.2 – Trilinguisme et multilinguisme : voir les réalités en face

À Madagascar, le trilinguisme est incontournable. L'utilisation de l'anglais, du français et du malgache est un fait historique qui remonte au XIXe siècle. A partir de 1961, MADAIR se montre au public malgache et au monde entier (Rabemananoro, 2006, p. 29). Un périodique français[34], qui fait connaître cette société sur un registre d'identité nationale dans des perspectives africaine et internationale, explique que le sigle MADAIR n'est autre que celui d'une compagnie de transport aérien

---

[34] - *France Aviation*, n° 95, novembre 1962, 9e année, p. 5

nouvellement éclose sur les franges orientales du continent africain : l'instrument choisi de la Grande Ile, ainsi que se désigne volontiers Madagascar dont la superficie équivaut à celle de la France, de la Belgique et de la Hollande réunies, avec ses 590 000 km².

Le 2 septembre 1961, le *Journal officiel de la République malgache* publie le décret portant sa création. Le 20 octobre, l'équipe dirigeante présente officiellement ses couleurs à travers l'un des DC 4 intégrés ultérieurement dans sa flotte au mois de décembre. Le 21, un aéronef aux couleurs de MADAIR, anciennement appartenant à la Compagnie T.A.I., inaugure le trajet Antananarivo-Paris. Deux mois après, le 15 décembre 1961, MADAIR, la Société nationale malgache des Transports Aériens, est constituée officiellement (Lebreton, 1962, p. 5). Elle est ainsi inscrite auprès du Registre de commerce d'Antananarivo (Rabemananoro, 2006, p. 182). MADAIR débute son exploitation le 1ᵉʳ janvier 1962 et a pour vocation d'assurer en monopole les transports aériens réguliers longs-courriers et intérieurs de la République Malgache (Lebreton, 1962, p. 5). Dans ce sens, elle s'engage à assurer, d'une part, la liaison Madagascar-France, qui représente un parcours de 11 000 km, et, d'autre part, le réseau intérieur, qui forme un parcours de 12 000 km comportant 58 escales.

Le 30 janvier 1962, le Directeur général Vernier envoie une lettre d'invitation à M. Legrez, Directeur général d'Air France, pour se rendre à Madagascar pour inaugurer MADAIR le samedi 10 février, et souligne l'aide que cette compagnie a bien voulu apporter ainsi que les services qu'elle rend en permanence (Rabemananoro, 2006, p. 109).

Un appareil DC-7 de la compagnie malgache MADAIR vu à l'aéroport de Tempelhof à Berlin ouest en 1962

Source : https://en.wikipedia.org/wiki/Madagascar_Airlines consulté le 13/12/2023

Toutefois, l'année 1962 annonce la fin de l'identité MADAIR. Si l'Etat malgache procède à l'inauguration officielle le 10 février, les actionnaires lors d'une Assemblée générale extraordinaire le 8 décembre décident de changer le nom MADAIR en AIR MADAGASCAR (Rabemananoro, 2006, p. 109). Le fait est que le nom MADAIR ne sonne pas favorablement pour les Anglophones.[35] La presse anglaise prend note de cette nouvelle dénomination ; le journal *International « FLIGHT»* du 3 janvier 1963 informe les Britanniques en ces termes : « La Compagnie Aérienne de Madagascar a changé son nom en Air Madagascar. L'Etat malgache reprend cette appellation appartenant à la compagnie privée de l'époque coloniale pour la nouvelle compagnie nationale en remplacement de MADAIR car elle est « plus appropriée à la vocation internationale de cette compagnie qui, au lendemain de l'indépendance, se devait avant tout de sortir la Grande Ile de son isolement » (Andriamanoro, 1970, p. 1).

L'ouvrage intitulé « Air Madagascar : 40 ans de passions aux couleurs malgaches » rédigé par Erick Rabemananoro[36] aidé d'autres journalistes (Maka Alphonse, Randy Donny) avec versions anglaise (par Richard Hyde) et malgache (Jocelyne Randrianary) en 2007, raconte le parcours de cette compagnie nationale malgache. La traduction en malgache des textes écrits par Rabemananoro effectuée respectivement par Jocelyne Randrianary du *Gazetiko,* au sein du groupe Midi Madagasikara et Richard Hyde semble très intéressante car elle engage leur responsabilité. Le tableau ci-après recense les vocabulaires aéronautiques du chapitre 1 qu'elle a utilisés :

Tableau 13 : Comparaison des deux textes (malgache et anglais) à l'original en français

Texte original en français	Page	Traduction de Jocelyne Randrianary	Page	Traduction de Richard Hyde	Page
Chapitre 1 Bref aperçu de l'aviation à Madagascar (de 1911 à 1961)	24	**Toko 1** Ny sidina an'habakabaka teo anelanelan'ny taona 1911		**Chapter 1** A brief overview of aviation in Madagascar from 1911 to 1961	88
aviation	24	sidina an'habakabaka	68	aviation	88
Ballon	24	Baolina zakan'ny rivotra ary mandeha gazy	68	Balloon	88
Premier objet volant	24	Zavatra nanidina voalohany	68	First objet to have flown	88
Appareil	24	Fiaramanidina	68	aircraft	88
Appareil	24	Raopilanina	68	aircraft	88
Avion	24	Fiaramanidina	68	aircraft	88
Première expérience	24	Andrana an'habakabaka	68	First aeronautical	

---

[35] - Selon Rabemananoro Erick, *«Il faut souligner que cette appellation de MADAIR, quelque peu curieuse pour des oreilles anglophones car signifiant dans la langue de Shakespeare « Air Cinglé »*, a été initialement choisie par rapport à celle de AIR MADAGASCAR afin de ne pas léser moralement AIR FRANCE lors de la fusion», *op. cit*, p. 28

[36] - Rabemananoro Erick est Responsable du Département Communication de la Direction générale d'Air Madagascar dans les années 2000.

aéronautique					experiment		
Nouvelles ailes	24	Fiaramanidina	68		New wings	88	
Ciel malgache		Lanitr'i Gasikara			Malagasy sky	88	
aviateurs	24	Mpanamory	68		aviators	88	
Deux vols	24	Sidina roa	68		Two flights	88	
Hydravion		Raopilanina miantsoana ambony rano	68		Sea plane	88	
Instruments de navigation	25	Fitaovana nampisidinana	68		Navigational instruments	88	
moteurs	25	motera	68		engines	88	
Un Breguet 19 quitte la France pour Madagascar.	25	Nandao an'i Frantsa hihazo an'i Madagasikara ny fiaramanidina « Bréguet 19 ».	68		A Breguet left France for Madagascar.	88	
Base aérienne militaire	25	Toby an'habakabaka miaramila	68		Military aviation base	88	
Mécanicien	25	mekanisiana	68		engineer	88	
Infrastructure aéronautique	25	Fotodrafitrasa an'habakabaka	68		Aerounatical infrastructure	88	
Femme-pilote	25	Mpanamory vehivavy	68		Woman pilote	88	
Aéroport du Bourget	25	Seranam-piaramanidin'i Bourget	68		Paris-Le Bourget Airport	88	
Compagnie	25	Kaompania	68		company	88	
Régie	25	Rejia	69		Régie	88	
Madagascar	24	Madagasikara	68		Madagascar	88	
Capitale	24	Antananarivo	68		Antananarivo	88	
Tananarive	24	Antananarivo	68		Tananarive	88	
La Manche	24	La Manche	68		English channel	88	
France	24	Frantsa	68		France	88	
Androhibe	24	Androhibe	68		Androhibe	88	
Analamahitsy	24	Analamahitsy	68		Analamahitsy	88	
Afrique	24	Afrika	68		Afrique	88	
Marseille	24	Marseille	68		Marseilles	88	
Tanger	24	Tanger	68		Tangier	88	
Casablanca	24	Casablanca	68		Casablanca	88	
Iles Canaries	24	Nosy Canaries	68		Canary Islands	88	
Port-Etienne	24	Port-Etienne	68		Port-Etienne	88	
Saint-Louis Sénégal	24	St Louis Sénégal	68		Saint Louis in Senégal	88	
Soudan	24	Soudan	68		Sudan	88	
Haute-Volta	24	Haute-Volta	68		Upper Volta	88	
Rhodésie	24	Rhodésie			Rhodesia		
Afrique orientale portugaise	24	Afrika atsinanana portiogezy	68		Mozambique	88	
Paris	24	Paris	68		Paris	88	
Mandroseza	25	Mandroseza	68		Mandroseza	88	
Grande Ile	26	Madagasikara	69		Big Island	88	
Afrique du Sud	26	Afrika atsimo	69		South Africa	88	

Le journaliste Jocelyne Randrianary et le traducteur Richard Hyde effectuent un excercice difficile pour traduire ce document. Pour le journaliste, elle se soucie avant tout de la compréhension des Malgaches de l'aéronautique et ne procède pas à une traduction littérale du texte d'Erick Rabemananoro :

- Traduction par sidina an'habakabaka du mot aviation ;
- Ajout du mot fiaramanidina pour plus de précision sur le nom d'appareil ;
- Utilisation de vocables différents pour un même mot en français ;
- Liberté de traduction pour la toponymie : maintien du mot original, malgachisation, francisation selon le cas.

De même, pour sa part, Richard Hyde effectue sa traduction selon son propre feeling et ne se conforme pas littéralement à la langue française. Il n'établit pas une formule précise pour traduire les noms en français :

- Utilisation de la toponyme anglaise pour les localités connues : Sudan, Canary Islands… ;
- Maintien du nom français pour contextualiser les faits ou s'aligner au nom reconnu par les autres pays : Tananarive (terme utilisé par les Français pour désigner Antananarivo pendant la période coloniale), France… ;
- Maintien du nom typiquement malgache pour se distinguer du français : Mahajanga, Mandroseza… ;
- Même traduction par le mot aviation pour « aviation » et « aérienne ».

La presse mauricienne partage la célébration du 40ᵉ anniversaire d'Air Madagascar par le biais du journal en ligne *lespress.mu* : « La compagnie fête ses 45 années d'activités », le 11 janvier 2007 (La compagnie fête ses 45 années d'activités, 2007). Responsable de communication de la compagnie nationale malgache, et journaliste de formation, Rabemananoro Erick réalise et diffuse sur youtube, en 2005, un court vidéo en français de 15 mn sur l'itinéraire Antananarivo-Bangkok. Ce documentaire instructif lance un message très significatif pour ceux qui ne savent pas le monde de l'aéronautique : « Pour une Compagnie aérienne, le voyage ne commence pas avec le décollage. Avant, pendant et même après le vol, de multiples actions vont se dérouler. Elles sont souvent inconnues des passagers. » De même, le pilote Jean Pierre Pénètte et sa fille Christine Pénètte-Lohau, dans leur ouvrage « Le livre d'or de l'aviation malgache », consacrent 4 pages (78-81) à cette compagnie qui fait la renommée de la Grande Ile partout dans le monde. En 2018, la filiale Tsaradia est créée pour desservir le réseau intérieur. Au début de 2020, la compagnie nationale malgache traverse une turbulence. Elle connaît des difficultés financières, opérationnelles et organisationnelles. Air Madagascar devient *Madagascar Airlines* qui obtient son certificat d'opérateur aérien et sa licence d'exploitation le 17 avril 2023.

En 2019, durant une séance de sensibilisation à Sainte-Marie, une native de cette île en tant que technicienne de l'Autorité de l'aviation civile explique l'importance de la recherche et sauvetage aéronautique (SAR). Et en même temps, elle parle en malgache officielle en s'adressant aux techniciens originaires des Hautes Terres.

La malgachisation est par ailleurs une affaire malgacho-malgache. Les deux appellations « Madagascar et Madagasikara », « Malgache et Malagasy » prêtent toujours à confusion. La guerre d'écoles entre les puritanistes, les universitaires, les académiciens, étrangers et malgaches, etc. sur l'utilisation de ces noms s'instaure toujours. Ce n'est pas un cas unique. Dans le domaine religieux, le nom Jésus est prononcé et écrit différemment par les membres des églises historiques (Jesoa pour l'Eglise calviniste FJKM, l'Eglise Anglicane EEM et l'Eglise Catholique Romaine EKAR, Jesosy pour l'Eglise Luthérienne FLM) et les églises nouvelles et groupements religieux (Jesôsy). *Le Fikambanana Mampiely Baiboly* (Association de la Propagation de la Bible) s'efforce d'établir un consensus en utilisant à la fois *Jesoa* et *Jesosy*.

La relance des parlers régionaux prend de l'importance à partir de 2010 à travers les générations d'artistes des régions qui diffusent des chansons en dialectes malgaches. Les Malgaches frédonnent et dansent sur les chansons de Big MJ, Lion Hill dans des événements familiaux. La musique « sert de véhicule à des notions et des nouvelles idées à uniformiser le « parler » de l'ensemble des Malgaches » car, dans les années 1960, ces derniers ne se comprennaient pas entre eux selon le témoignage du père Rémi Ralibera, journaliste au sein de l'Eglise catholique romaine (Andrianasolo, 2010, p. 375) :

> Par le fait même, la connaissance de la langue officielle à travers toutes les ethnies a connu une extension extraordinaire. Au début de mes tournées à travers le pays pour les émissions catholiques à la radio et, en 1966-1967, pour les reportages de presse pour *Lakroan'ny Madagasikara*, par exemple, je devais me faire accompagner par un interprète, eh oui un interprète, auprès des Malgaches tanosy, mahafaly, vezo, antandroy de la brousse pour me faire comprendre, tellement le malgache qu'ils parlaient était éloigné du malgache officiel. Quatre ou cinq ans après l'Opération transistor, tous ces gens me comprenaient, et s'exprimaient en malgache officiel avec souvent un vocabulaire qu'ils me traduisaient eux-mêmes dès qu'ils s'apercevaient que j'avais quelque difficulté à saisir.

En outre, le parfum de l'ancienne URSS revient en force avec la participation de Madagascar dans les émissions *Inter vision* organisées par la Russie. Le journaliste et fondatrice de la Télévision *Real TV* Onitiana Realy et son époux Randrianirina Briand s'activent pour l'implication de Madagascar dans cette compétition internationale. Les représentants de la Grande Ile tiennent tête aux autres pays concernant les prestations artistiques. Réalisées dans le contexte de la guerre russo-ukrainienne depuis 2023, les émissions *Inter vision* prennent une dimension politique car la plupart des pays occidentaux n'y ont pas participé. Les artistes en solo ou en groupe proviennent de l'Afrique, de l'Amérique latine et centrale, des Etats-Unis et des pays communistes et de l'ancienne URSS. L'édition 2025 voit la participation des deux artistes malgaches reconnus mondialement D-Lain, gagnant du *Catel Live Opera* en 2012, et Denise, gagnante de *African Island Talents* en 2014, avec leur chanson en parler régional *Tiako hanjeky*. Ces deux artistes se trouvent en bonne position et font connaître la culture malgache dans les pays qui ne connaissent pas Madagascar. Par contre, pour les enfants moins de 16 ans, dans la section *Our Generation*, les trois représentants malgaches Michella, Brenda et Riantsoa raflent la victoire, le 11 octobre, avec leur chanson en parler régional betsimisaraka *Fianarana foana*. Les pays participants sont : la Russie, la Chine, le Brésil, l'Afrique du Sud, l'Ouganda, le Kenya, Madagascar, la Mongolie, l'Egypte, l'Arménie, la Biélorussie, l'Inde, le Kazakhstan, l'Ouzbékistan, l'Ethiopie et les Etats-Unis. Madagascar a déjà gagné l'édition précédente de 2024 avec Filamatra Matokia. Pour le cas de Madagascar, avec les mouvements conduits par les trois conseillers municipaux et les jeunes de la Génération Z, ces émissions prennent une dimension politique avec la remise en cause de la nationalité française de Rajoelina et le rapprochement entre la Russie et la Transition militaro-civile conduite par le colonel Randrianirina Mickael. Dans les années 1980, du temps de Ratsiraka, l'URSS collaborait étroitement avec la Grande Ile. Les jeunes malgaches apprenaient la langue russe au Kaledo, ou DOM pour certains, à Antaninarenina. Les films soviétiques diffusés gratuitement, qui rapportent la ferveur des militaires russes durant la Seconde Guerre mondiale, sont très appréciés des jeunes malgaches. Dans le contexte de crise de pénurie des années 1980, le parti AKFM-KDRSM du Pasteur Andriamanjato faisait venir des produits russes (stylos, vêtements, chaussures, …) et les distribuait à ses membres.

Toutefois, le multilinguisme est souhaitable dans la Grande Ile. Il s'agit d'une exigence du temps présent. Des jeunes malgaches se ruent à l'Institut Conficius à l'Université d'Antananarivo pour apprendre le chinois mandarin. Beaucoup d'entre eux travailent avec les Chinois dans le monde du commerce. D'autres s'expatrient et trouvent même du travail aux Philippines. En outre, le nouvel eldorado composé de la ville de Dubaï et du Quatar fascine les jeunes entrepreneurs malgaches dans plusieurs domaines : architecture, *marketing digital*, import-export, etc. Dans cette optique, outre l'anglais, langue universelle, l'apprentissage de l'arabe est important. J'ai assisté à une formation dans le domaine aéronautique à Singapour en 2019 et j'ai constaté que deux tiers des participants proviennent du Moyen-Orient. Beaucoup de jeunes malgaches poursuivent leurs études en Allemagne notamment dans le domaine de la médecine, de la pharmacologie…

III.3. – Quelle perspective d'avenir pour la linguistique aéronautique à Madagascar ?

Le monde de l'aéronautique est un système complexe qu'il faudrait considérer dans sa globalité. Madagascar doit réfléchir à plusieurs problématiques qui sont interdépendantes. Le passé et le présent sont toujours au cœur des discussions.

III.3.1 – Langue malgache, langues malgaches : pourquoi ne pas chercher ailleurs ?

Le fait est que la langue malgache obtient un statut reconnu internationalement. La langue malgache n'est pas le parler merina. Les parlers régionaux sont aussi des langues malgaches. En outre, la langue malgache *vary amin'anana*, qui comporte des mots étrangers, n'est pas mauvaise en soi. D'ailleurs, le *vary amin'anana* composé de riz, de brèdes, de viandes de bœuf ou *kitoza*, est un plat préféré des Malgaches. S'exprimer en langue *vary amin'anana* est un processus qui va dans le sens de l'amélioration de la langue malgache. En tant que technicien dans un domaine spécifique, qui parle en *langue vary amin'anana*, j'ai été à plusieurs reprises cible des critiques de la part d'amis dans des cercles littéraires qui se disent capables de parler le malgache *madio mangarangarana* (malgache pure), ce qui, en fait, n'existe pas, car la langue malgache est le fruit de plusieurs siècles d'échanges et de modifications.

En 2008, Jean-Marie de La Beaujardière, journaliste de *Madagascar Tribune*, écrit un article en français qui souligne l'importance du malgache sur la « fanagasian'ny fahabeazana »[37], sur la langue dans laquelle les écrivains malgaches écrivent leurs œuvres :

> Avec ses 15 à 17 millions de locuteurs, le malgache se place entre les
> 50ème et 60ème rangs (étrange coïncidence : le même rang que le

---
[37] - Expression utilisée par le journaliste lui-même

grec moderne). Du point de vue ouvrages de référence, le malgache est avantageusement placé : il a son « dictionnaire Larousse », sous la forme du Rakibolana de Régis Rajemisa-Raolison, que l'on trouve facilement en librairie. D'ici quelques semaines, il aura son « encyclopédie Larousse », sous la forme du splendide Rakipahalalana de l'Académie Malgache, avec 35.000 articles. Souhaitons que beaucoup de familles auront à coeur d'avoir ses deux ouvrages dans leur bibliothèque et les consulteront souvent. Il y a un grand nombre de dictionnaires bilingues pour faire le pont entre le malgache et l'anglais, le français, l'italien, l'allemand, le russe… Sur le web (mondemalgache.org), se construit un dictionnaire encyclopédique qui, bien qu'à peine à moitié fini, contient déjà 50.000 mots malgaches, dont une ample foison viennent des provinces.

Le malgache est une langue riche, ainsi que l'ont remarqué un certain nombre d'auteurs. En 1856, William Ellis le décrit comme « abondant, précis, et par certains aspects hautement philosophique ». Plus récemment Leonard Fox le déclare « une langue aux nuances extrêmement délicates, et d'une concision remarquable ».

Comme le latin de Cicéron, le malgache est bien adapté par sa syntaxe à la formation de néologismes ; on en trouvera des exemples dans le Rakipahalalana.

Il y a de bonnes raisons que les Malgaches soient fiers du « teny nibeazany, teny hahombiazany » (Jean-Marie de La Beaujardière, 2008).

Face à cette souplesse du malgache, dans le domaine de l'aéronautique, il serait important de faire un *benchmarking* sur le monde de l'aviation autour de la Grande Ile. En ce 2025, environ 30 millions parlent le malgache (malgache officielle et parlers régionaux), avec des diasporas en France, à La Réunion, à l'Ile Maurice, aux Comores… Par exemple, en France, le *fiangonana*, joue un rôle important dans la conservation et la transmission de la langue malgache, qui est une langue de diffusion du christianisme, et plus particulièrement langue de liturgie pour les protestants et langue de la messe pour les catholiques (Rasoloniaina, 2012, pp. 3-4). Le professeur

Narivelo Rajaonarimanana de l'INALCO[38] approfondit la langue malgache et publie plusieurs travaux de recherche sur cette langue[39]. Une collaboration dans la publication des vocabulaires dédiés à l'aéronautique avec ce chercheur et cet Institut de recherche s'avère intéressante. Redonner un nouveau souffle à la langue malgache revient à regarder de nouveau les vocabulaires indonésiens, malais, africains qui s'adaptent facilement à cette langue.

Tableau 14 : Comparaison d'un vocabulaire aéronautique en terme de nombre

Vocabulaires en anglais et français	Vocabulaires malgaches utilisés actuellement	Vocabulaires austronésiens (indonésiens, javanais)	Vocabulaires africains	Proposition ou suggestion	Justificatif
Airport, Aéroport	Seranam-piaramanidina	Bandara	Uwanja wa ndege	Bandara ou banja	Le mot seranam-piaramanidina est trop long à écrire et à prononcer. Par contre, le mot bandara, utilisé à la fois par les Indonésiens et les Javanais est facile à prononcer. Les Malgaches utilisent déjà le mot *banja* pour dire terrain ou scène.

Mais il y a aussi d'autres possibilités pour reformer les vocabulaires relatifs à l'aviation. Les textes présentés dans les périodiques anglicans en langue malgache, *Fanevan'ny Tanora* et *Tantara sy Hevitra*, méritent une réflexion approfondie :

---

[38] - Institut National des Langues et Civilisations Orientales
[39] - Entre autres : Dictionnaire du Malgache contemporain (Malgache-Français et Français-Malgache), dictionnaire français-malgache

Tableau 15 : Liste de quelques mots dans le domaine de l'aviation utilisés dans les revues de l'Eglise anglicane

Vocabulaires utilisés par Rabakoarisoa Lucie en 1960 (Fanevan'ny Tanora)	Vocabulaires utilisés par le l'évêque anglican Jean Marcel en mai 1961 (Tantara sy Hevitra)	Vocabulaires utilisés par le Rév B. Razafimanantsoa en 1963 (Fanevan'ny Tanora)	Vocabulaires en français ou traduction Remarques et observations
A			
	Andafy	am-panidinana	en vol
avion militaire			avion militaire
D			
		dia an'habakabaka	route aérienne
	Dia, dianay		voyage
F			
		fahazoan-dàlana miditra	visa d'entrée
	fipetrapetrahana		séjour
		fangatahan-dalana	passeport
		fanidina	altitude
fehin-kibo			ceinture
fiaramanidina	fiaramanidina, fiara-manidina	fiaramanidina	avion
fiara		fiara	avion
fijanonana voalohany			première escale
		fiarakodiabe	Navette
		fisamonomonon'ny milin'ny fiara	bruit de l'aéronef
H			
habakabaka			ciel
hélices			hélice
hôtesse		hôtesses de l'air	hôtesse
K			
		kilaometatra	kilomètre
		kilasy voalohany	première classe
L			
lavaka babangoana eny ambony eny (trou d'air)			trou d'air
M			
		magazay	magasin
	mandroso sy miverina		aller et retour
		misondro-miakatra	décollage, remontée
mpandeha		mpandeha	passagers, voyageurs
mpanamory			pilote
N			
	nanidina		voler
P			

118

			pasipaoro	passeport
			S	
			seranana	aéroport
			seranam-piaramanidina	aéroport
			T	
			Tranovibe mihidy	avion
			Tranon'ny seranana	aérogare
			V	
voromanidina vy makadiry				avion
voromby	vorombe vy goavambe			avion
		« voyage »		voyage

À Madagascar, la guerre des mots dans le domaine de l'aviation au lendemain de l'indépendance comprend quelques belligérants. D'abord, il y a ceux qui utilisent toujours les mots imposés par la colonisation française depuis 1919. Par exemple, les mots « avion » et « aviation » sont utilisés dans les documents officiels depuis Tsiranana jusqu'à nos jours. Ces deux mots sont difficilement malgachisables à cause de leur consonnance phonétique. Historiquement, en 1875, l'ingénieur français Clément Ader désigne son appareil volant « avion » en prenant la racine « avis » et en obtient un brevet d'invention en 1890. En outre, sous la pression de l'armée française, le mot « avion » est utilisé pour désigner une généralité à partir de 1911 au détriment de l'aéroplane qui nomme un type d'appareil. Le mot « avion » est utilisé surtout à partir de la Première Guerre Mondiale par le grand public et ceux qui se lancent dans le domaine commercial. Par ailleurs, Gabriel de la Landelle précise que le mot *aviation* vient de la combinaison de « *avis* » oiseau et « *actio* » action et signifie action d'imiter l'oiseau dans son vol (De La Landelle, 1863, p. 37). Pour lui, l'aviation « est un mot nécessaire pour traduire clairement et brièvement : navigation aérienne, aéronavigation, locomotion ou auto-locomotion aérienne, ascension, propulsion et direction d'une nef voyageant dans l'air, etc. » Le « etc » signifie que cette définition inclut également d'autres mots. Selon lui, ce mot *aviation* et également *aviateur, aviable, aviablement, ef* ou *ave* sont des dérivés du mot avier, synonyme de voler dans les airs qu'il a inventés avec Gustave de Ponton d'Amécourt.

Le second groupe est composé de ceux qui maintiennent toujours le mot roplanina et ses variantes pour qualifier *avion*. Or l'avion est différent de l'*aéroplane* qui est le premier appareil suvolant le ciel de Madagascar, le vendredi 7 juillet 1911. Pour les anglais, le « airplane » signifie « avion ». L'aviateur français Jean Raoult qui a fait ses études de pilotage, à Pau, en France utilise deux aéroplanes Blériot XI en 1911 et

1912 dans la Grande Ile. Plusieurs Malgaches assistent aux vols aériens effectués par cet aviateur à Androhibe Analamahitsy, dans la capitale. Au retour de l'aviation à partir de 1926, les Malgaches se souviennent toujours de l'aéroplane de Jean Raoult et désignent par cette appellation l'« avion ». *Roplanina* est un mot facilement prononcable, modifiable et extensible à l'infini pour chaque Malgache. C'est pourquoi plusieurs variantes de ce mot *roplanina* apparaissent : *aéroplanina, roplanina, aeroplanina, roplana, aeroplanina*, etc. A partir des années 1940, le docteur Jules Ranaivo, dans son journal bilingue *Ny Rariny,* popularise l'emploi des mots *roplanina* et consorts.

Le troisième groupe comprend ceux qui soutiennent la malgachisation du mot « avion » par *fiaramanidina*. Dans son article intitulé *Eritreritra momba ny fitokanana ny provinsa eklesiastika vaovao ao Afrika atsinanana*, le Monseigneur Jean Marcel utilise à la fois le mot *fiaramanidina* et *fiara-manidina*. Pour le premier mot, son choix est normal. De par leur histoire, les fidèles malgaches de l'Eglise anglicane, qui voyagent beaucoup à l'étranger, préfèrent utiliser *fiaramanidina* pour désigner « avion » qui est un mot français. En parallèle avec le mot « avion », le président Tsiranana décide l'usage de *fiaramanidina* même s'il n'est pas totalement convaincu, car ce mot comporte le vocabulaire « manidina » qui signifie « voler » pour le malgache officiel mais ayant un autre sens (se comporter d'une manière étrange) pour les parlers régionaux.[40] En effet, *fiaramanidina* ou véhicule volant est utilisé par les Malgaches pour la première fois durant la première sortie aérienne de Jean Raoult en 1911. Le mot *fiara* est utilisé dans la traduction malgache de la Bible chrétienne : *fiaran'ny fanekena* (Arche de l'alliance de Moïse). Pour le deuxième mot *fiara-manidina*, l'emploi du trait d'union ne paraît pas logique : est- ce une faute d'orthographe ou non ? L'explication que l'on peut avancer est la suivante : soit on utilise un seul mot *fiarakodia* (voiture, automobile), *fiarandalamby* (train) ou deux mots bien séparés : *fiara karetsaka, fiara fitaterana*.

Un dernier groupe comprenant des intellectuels (comme le pasteur Randriamiadanarivo, auteur du roman Voromby) qui utilisent le mot *voromby* qui étymologiquement se rapproche de l'avion (*vorona* : oiseau + *vy* : fer) mais ce mot ne passe pas à l'oreille des Malgaches car il ne fait suffisamment pas l'objet d'un matraquage intellectuel dans des écrits littéraires ou dans le mass média.

---

[40] - Interview accordé par le professeur RASOLOARISON Lalasoa Jeannot, Historien, Mention Histoire, Université d'Antananarivo, 5 janvier 2022

III.3.2 – Implication effective des institutions civiles et militaires, étatiques et privées

Après l'indépendance en 1960, Madagascar hérite d'un appareil administratif et technique dominé par le français. Ainsi, la recherche de terminologie équivalente pour traduire les concepts techniques liés à l'aviation s'avère nécessaire. L'Académie Malgache, qui a existé depuis 1902, se préoccupe davantage de la langue et de la culture en général. Les textes juridiques élaborés par l'Aviation Civile de Madagascar ne sont pas suffisamment vulgarisés auprès du public. Madagascar ne dispose pas de traducteurs spécialisés qui maîtrisent à la fois le malgache technique et l'aéronautique.

Le ministère chargé de la culture est sollicité à promouvoir davantage la langue malgache conformément à ses attributions. Au sein de ce ministère, la Direction de la langue et des écrits est chargée de la mise en œuvre de la Politique nationale culturelle en matière de langues et d'écrits. Elle assure, avec les structures nationales, l'élaboration et la mise en œuvre d'une politique nationale linguistique et encourage le développement des écrits. Elle dispose de deux services : service d'appui linguistique et service d'appui au développement des écrits. (Article 3 du Décret n° 2010-381 fixant les attributions du ministre de la Culture et du Patrimoine ainsi que l'organisation générale de son ministère).

L'Académie Nationale des Arts et des Lettres est également sollicitée pour élaborer un lexique trilingue officiel (malgache-français-anglais) afin d'uniformiser la terminologie aéronautique. L'émission *e-See magazine* du journaliste Haja Ratsimbazafy à la Télévision Nationale Malgache collabore avec les chercheurs de cet Etablissement concernant la promotion et la protection de la langue malgache. Entre autres, les Drs Ravalitera Jean Nalisoa et Ramavonirina Olivà, dirigeants de l'Académie y présentent les résultats de leurs recherches sur la langue malgache. L'élaboration d'une encyclopédie sur les pionniers et acteurs de l'aéronautique (étrangers et Malgaches) s'avère nécessaire. Elle peut s'effectuer dans le cadre d'un projet soutenu par le Ministère chargé des Transports, de l'Aviation Civile de Madagascar, des Universités ou des compagnies aériennes, de l'Ecole Nationale d'Enseignement de l'Aéronautique et de la Météorologie, … D'ailleurs, la promotion des livres et ouvrages sur l'aéronautique est, par ailleurs, importante en ce sens qu'elle contribue au développement socio-économico-culturel du pays. En 2012, l'Etat malgache publie le décret n° 2012-1008 portant politique malgache du livre qui stimule la création littéraire et la production d'ouvrages scientifiques et techniques à travers l'organisation des foires du livre, de concours, de prix et de distinctions, et l'attribution de bourses d'étude aux auteurs, traducteurs et aux utilisateurs.

D'autre part, la linguistique dans le domaine de l'aviation joue avec le temps. Les ingénieurs et les pilotes formés à Madagascar ou à l'étranger utilisent naturellement le français et l'anglais. Les nouvelles technologies de l'information et de la communication se développent à un rythme effréné. Les divergences idéologiques et l'instabilité de la politique linguistique depuis l'indépendance constituent un obstacle majeur à l'élaboration d'un programme de normalisation linguistique.

Tsiranana pratique un bilinguisme dominé par le français. Ratsiraka prône une politique de malgachisation en traduisant ou inventant des termes techniques, mais ceux-ci sont faiblement utilisés ou appliqués par la masse populaire. Zafy oscille entre une ouverture internationale et une identité nationale. Ravalomanana n'arrive pas à imposer l'anglais dans un pays marqué par l'héritage colonial francophone. Rajaonarimampianina et Rajoelina reviennent à la valorisation du français. La gestion de la langue malgache nécessite une réforme profonde.

Depuis l'indépendance, les idéologies politiques avec des « vocabulaires » alléchants et mirobolants des régimes successifs alimentent la vie quotidienne des Malgaches : *Politikan'ny kibo* (politique du ventre) ; *Asa fa tsy kabary* (Acta non verba) du régime PSD ; *Revolisiona sosialista* (révolution socialiste), *Madagasikara tsy mandohalika* (Madagascar debout) de l'Etat-AREMA ; *fahamarinana* (justice) et *fahamasinana* (sainteté) de l'Etat-TIM ; *manara-penitra* (aux normes) du régime TGV ; *fanavaozana* (renouveau), *fanorenana* (refondation, reconstruction) de la Transition militairo-civile...

Les Malgaches apprécient ou préfèrent les palabres. Les associations des orateurs (FIMPIMA[41], MPIKALO[42], HAVOZOMI[43], etc.) très prolixes partout à Madagascar et même à l'étranger, consacrent deux tiers de leur temps à la démonstration verbale et à la joute oratoire, lors de leurs réunions ou rencontres. Organiser des concours de *kabary* en utilisant des vocabulaires aéronautiques cohérents et faciles à assimiler s'avère opportun. Les *Mpikabary* ont un rôle à jouer dans le développement culturel de Madagascar.

---

[41] - Fikambanan'ny Mpikabary Malagasy (Association des Orateurs Malgaches)
[42] - Association des orateurs de l'Eglise catholique romaine
[43] - Association des orateurs dans la commune rurale Alakamisy Fenoarivo à Antananarivo Atsimondrano

L'arrêté n° 14631/2013 portant charte du "kabary" et des "mpikabary" exige que le message transmis par le *Mpikabary* à l'auditoire soit percutant (article premier) et qu'il doit « veiller, coordonner et orienter ces Valeurs Culturelles à se conformer au développement et au progrès sans pour cela se dévier des fondements exacts de la notion des Valeurs Culturelles malagasy » (Art. 2). Enfin, il a le devoir de défendre la langue malagasy (Art. 3).

En outre, des associations littéraires (HAVATSA-UPEM, Faribolana Sandratra, Stelarim, Fivoy,…) débattent, dans leur milieu respectif des nouveaux vocabulaires qui apparaissent dans la vie quotidienne.[44] Par exemple, des mots circulent pour qualifier le mot « mondialisation » ou « globalization » comme *fanatontoloana, fanantoloana, fanabambaraiavana*… Et finalement, c'est le mot *fanatontoloana*, dérivé de la racine *tontolo* (monde) qui est retenu.

L'aviation se popularise ou se démocratise grâce à Internet et aux téléphones haute gamme. Les accidents ou incidents sont diffusés instantanément sur les réseaux sociaux alors même que les responsables de sauvetage n'en soient pas encore informés. Tout le monde (spécialistes comme néophytes) discute des problèmes de l'aéronautique à travers *Facebook* ou *WhatsApp*… Les problèmes internes des parties prenantes de l'aviation sont débattus publiquement. Certaines affaires, exposées au grand jour, touchent le cœur de l'aviation malgache : soixante Treize kilos, triple sept, atterrissage de jet privé à Maurice, *fake news*, désinformations…

L'aviation civile et militaire est impliquée dans les crises politiques depuis Tsiranana en 1972 (utilisation de l'avion pour envoyer les manifestants à Nosy Lava), en passant par Ravalomanana en 2012 (demi tour pour revenir en Afrique du Sud en raison d'un NOTAM[45]), puis Rajoelina en 2025 (sortie en catastrophe de Madagascar à la suite du mouvement conduit par les trois conseillers municipaux et la Génération Z).

Par ailleurs, les Malgaches ont tendance à utiliser des mots très longs pour désigner certaine notion, alors qu'une nouvelle forme d'écriture s'impose[46] partout avec

---

[44] - En tant qu'écrivain, j'étais membre de l'un de ces cercles littéraires dans les années 1990.
[45] - Le Notice to Airmen (NOTAM) est un avis diffusé par l'autorité de l'aviation pour informer tous les intervenants dans le domaine de l'aviation (pilotes, compagnies aériennes, contrôleurs aériens des conditions temporaires, des informations urgentes susceptibles d'affecter la sécurité et les opérations de vol. Il concerne, par exemple, la fermeture ou la restriction d'une piste, la restriction temporaire d'un espace aérien pour des exercices, le danger temporaire dans l'environnement de l'aérodrome…
[46] - Dans les taxi-brousse, bus (taxi-be), les voitures particulières durant les embouteillages

l'emploi du *Short Message Service* (SMS). L'exploitation de cette méthode en vue d'une standardisation serait une piste possible pour « renover » ou « refonder » la langue malgache. Le remplacement de l'expression « maha-izy azy » par un seul mot, « iziana » pour désigner l'« identité » constitue un effort louable.

Le 30 octobre 2025, dans une émission relative à l'éducation de la radio catholique Don Bosco, le père Ranaivoson Jules, secrétaire général de la Commission episcopale pour l'Education Cathoique à Madagascar explique : *Manana ny maha-izy azy ny sekoly katolika tsirairay avy*. (Chaque école catholique a sa propre identié.) On peut remplacer « ny maha-izy azy » et « avy » par « iziana » pour donner « Manana iziana ny sekoly katolika tsirairay. » C'est une économie du temps : *Time is money* !

En avril 2010, lors de mon séjour à Nairobi, Kenya, j'ai acheté un livret intitulé *A tourist guide to simple Swahili*, qui contient des expressions usuelles en swahili traduites en anglais et, d'une manière générale, j'ai constaté que les phrases en langue swahili sont plus courtes que celles de l'anglais. Par exemple, *May I come in?* signifie *Hodi* ? *What should I wear?* = *Nivaa nini*? Answer me = *Nijibu*; I have forgotten = *Nimesahau*; I will call a policeman = *Nitamwita polisi*; That is enough: *basi*… Alors que les jeunes malgaches connaîssent par coeur le dessin animé *le Roi Lion* avec l'expression *Hakuna Matata*, pas de souci.

Ainsi, la production de nouveaux vocabulaires doit être basée sur la recherche d'une formule très courte mais pertinente et percutante. Les malgachisants, linguistiques ou autres chercheurs ont intérêt à utiliser l'aphérèse ou la prosthèse pour obtenir ces vocabulaires. Une réforme en profondeur s'avère nécessaire. En 1964, une sous-commission[47] était créée au sein de l'Académie Malgache pour réctifier les incohérences du malgache. Son objectif était de résoudre le manque d'unité et de cohésion dans l'orthographe (Andriamihaja, 2023, p. 44). En fait, la langue malgache comporte plusieurs homonymies phonétiques qui rendent difficile sa compréhension : *Olon'iza ianao ?* (de qui êtes vous partisan ?) et *Olona iza ianao ?* (Quel homme êtes-vous ?), *varotra olona* (trafic d'esclaves) et *varotr'olona* (marchandises d'autrui)… Mais, outre l'homonymie, deux mots interchangeables dans une phrase

---

[47] - Il s'agit de : Siméon Rajaona, Régis Rajemisa-Raolison, Paul Radaody- Ralarosy, Charles Rajoelisolo, Edmond Mamelomanana, Gabriel Rajonah, V. Massot, Henri Rakoto, Prosper Rajaobelina, Rambelosoa, Fredy Rajaofera, James Raoely, Georges Raveloson et Pascal Velonjara.

posent également des problèmes. Au sein d'un cercle littéraire, nous[48] discutions de cette question à Ankadifotsy, Antananarivo, en 2001. Par exemple, *sinoa mpivarotra* ou *mpivarotra sinoa*. Si l'on dit : *Efa lasa ve ilay mpivarotra sinoa* ? et *Efa lasa ve ilay sinoa mpivarotra* ? La première phrase nous paraît correcte mais elle a un autre sens : « Le vendeur des Chinois (arnaqueur) est-il parti ? », et les Malgaches ont l'habitude de l'utiliser, alors que la seconde phrase est grammaticalement correcte en langue malgache (« Le vendeur chinois est-il parti ? »).

Dans le domaine du transport terrestre, plusieurs vocabulaires sont créés et utilisés par les usagers, tels que *vodihazo* (le fait de rester plus longtemps à un arrêt), *kitoza* (viande séché) ou *sira (sel)* désignant un passager qui ne paie pas, *kalazy* (calage),... De même, des appellations plus courtes sont utilisées pour désigner des lieux : *Tsega* au lieu d'*Imerintsiatosika* ; *Bira* au lieu d'*Antsirabe* ; *Tala* au lieu de *Talatamat*y...

Le décalage linguistique persite dans le domaine aéronautique à Madagascar. Les vocabulaires utilisés au quotidien et ceux véhiculés par la presse sont différents. Par exemple, le 10 novembre 2025, un député de Madagascar élu dans le Sud demande au gouvernement un *helikoptera* pour faire face aux attaques de plus de 200 *dahalo* (voleurs de bœufs) à Antanimora Sud, alors que le journal de *Madagascar Broadcasting System* (MBS) qui rapporte son intervention, écrit en sous-titre les besoins urgents en *angidim-by* dans le Sud malgache. D'où l'intérêt de tenir un forum national sur la langue dans le cadre de la réfondation ou de la réforme. La thèse de Muriel Nicot-Guillorel, en 2009, intitulé *L'appropriation de l'écrit en contexte scolaire multilingue. La situation de Madagascar. Des résultats des élèves en malgache et en français aux pratiques d'enseignement-apprentissage*, nous fournit des éléments importants pour réfléchir sur l'avenir du malgache.

L'Académie Nationale des Arts et des Lettres sollicite ou incite l'emploi de *fitaleavana* pour désigner « direction » au niveau des départements ministériels. Par contre, des confusions s'instaurent entre la désignation de l'armée de l'air en *tafika anabakabaka* et les infractions dans le domaine de la cybercriminalité *heloka an'habaka*... L'amélioration du malgache est une volonté politique. Sur décision de l'autorité malgache, à titre de redevabilité et en tant qu'invitée d'honneur, la dame, originaire de Mahajanga, qui a proposé le nom **Barea** à l'équipe nationale

---

[48] - Ralaisaholimanana Louis Dominique (Ilay), Raolona Tsitohery, Rakotosolofo Joseph (Solofo José), Rakotomahafaly Norbert Eugène (Ranoë), Elie Rajaonarison, Razaiarimanana Lydia (Lydiary) et moi-même.

malgache de football a fait partie des Malgaches ayant bénéficié d'un voyage spécial par avion sur le trajet Kenya-Madagascar aller-retour pour assister à la finale de football entre Madagascar et le Maroc, le 30 août 2025. En fait, le nom Barea n'est autre qu'une autre version de *baria*, fréquemment utilisé par le pasteur Randriamiadanarivo dans ses écrits pour désigner le zébu malgache.

L'intégration des programmes de formation aéronautique s'effectuera dès le primaire. Des séances de sensibilisation de la part de l'autorité de l'aviation civile et de l'autorité militaire pour l'imprégnation dans le monde de l'aviation sont nécessaires. Les jeunes malgaches ne sont au courant du monde de l'aviation que tardivement. De manière générale, seuls ceux et celles ayant des parents évoluant dans ce domaine s'acheminent vers la carrière aéronautique. Le pilotage devient une affaire familiale. Plusieurs noms de pilote devenant une dynastie sont connus de père en fils : Andrianjafy, Rabetokotany, Rakotomalala,… D'autant plus que, l'apprentissage de la formation en pilotage coûte trop cher. Des efforts ont été menés pour pallier progressivement ce problème de verrouillage. Dans les années 2010, les cadres et techniciens de l'Aviation Civile de Madagascar présentent dans des lycées de la capitale les carrières dans le monde de l'aviation (pilote, ingénieur, technicien, etc.) et les avantages de ceux et celles qui travaillent dans l'aéronautique. Dans les collèges à Madagascar, les enfants à qui on a demandé leur future carrière répondent la plupart par médecin ou militaire.

Néanmoins, quelques exceptions arrivent dans ce cercle fermé par chance ou par persévérance. Le cas du pilote Rakotomanga Harry illustre la capacité d'un jeune malgache parlant au quotidien sa langue maternelle, le français à l'école et l'anglais auprès des compagnies aériennes au cours de sa carrière. Commandant de bord d'un Airbus 380 à la Compagnie aérienne *Quatar Airways*, Rakotomanga Harry est issu d'une famille modeste. Il inaugure sa scolarité à l'Ecole des Frères du Sacré-Cœur, suit une formation d'ingénieur de trois années à l'Ecole Polytechnique de Vontovorona à Antananarivo et figure parmi les quelques admis au concours de recrutement d'élèves pilotes d'une grande compagnie aérienne. Il ne croît même pas à sa réussite. Interrogé par la presse, il retrace son évolution dans sa carrière de pilote de ligne, dans son ouvrage en français, rédigé en 2021, intitulé *La loge des Artistes : Confidences et journal de bord*. Pour Rakotomanga Harry, l'objectif de ce livre est

> « d'inspirer les jeunes passionnés d'aviation ou les moins jeunes aussi qui aimerait connaître un peu plus cet univers de l'aérien et du métier de pilote de ligne… L'apprentissage dans l'aéronautique est un domaine qui

s'étend beaucoup sur le temps. Petit à petit, avec les moyens qu'ils ont et surtout avec beaucoup de passion et un rêve intact, je pense que tout le monde peut y arriver » (Andria Hanitra : Pilote de ligne : les coulisses du métier dévoilées dans un livre autobiographique, 2022).

En 2022, Harry Rakotomanga partage sa passion de l'aéronautique avec les élèves-pilotes de l'ENEAM.[49] Des jeunes malgaches s'activent tout de même dans la promotion de l'aviation en partageant avec les autres leur passion. L'officier militaire Harry Andriantavy diffuse régulièrement ses découvertes partout à Madagascar avec son 5R (Five Romeo). Le pilote Belindo Rabenandrasana livre des cours sur des questions techniques dans le domaine de l'aviation (atterrissage, navigation aérienne, etc.).

Les radios et télévisions jouent également un rôle prépondérant dans la promotion de l'aéronautique à Madagascar. Seules quelques chaînes de télévisions se soucient des films ou documentaires sur l'aviation. Les radios nationale et privées (Radio Madagasikara, Radio Don Bosco, Radio ACEEM, …se contentent de diffuser des pièces radiophoniques axées sur des problèmes sociaux, des horreurs, des difficultés rencontrées par les foyers… L'organisation de concours littéraires (romans, pièces théâtrales,) sur l'aviation s'avère nécessaire pour familiariser la société malgache avec le monde aéronautique. La diffusion à large audience des documentaires ou reportage sur l'aviation civile et militaire mérite d'être soutenue.

La chaîne de télévision malgache Kolo TV fait connaître aux jeunes les aspects de l'aviation civile et militaire dans son émission *Alalino* : un documentaire intitulé « Etre pilote » racontant les études au sein de l'Ecole Nationale d'Enseignement de l'Aéronautique et de la Météorologie (ENEAM) en 2014, un autre sur les pilotes de l'armée de l'air en 2020. Pour sa part, le Ministère des Forces Armées diffuse plusieurs documentaires sur l'armée de l'air malgache…

III. 3.3 – Adoption du numérique

L'adoption du numérique contribuera au développement de la linguistique dans le domaine de l'aviation. *Madagascar Airlines* distribue mensuellement, depuis 2022, le *Prime Magazine Online* en français et en anglais, à plus de 10 000 copies, qui fait

---

[49] - Entretien avec l'élève-pilote RAKOTOMALALA Fandresena de l'époque, le 24 octobre 2025, Antananarivo

connaître la Grande Ile, sa beauté et ses destinations, destiné à plus de 80 000 lecteurs à Madagascar et dans le monde (*Prime Magazine*, 2025).

Il est souhaitable que le secteur de l'aviation effectue un *benchmarking* et observe en même temps l'évolution de la société malgache. Par exemple dans le domaine religieux, afin de réduire le coût, d'éviter le gaspillage lié à l'impression et de réduire le temps de réunion, le nouveau président du *Fiangonan'i Jesoa Kristy eto Madagascar* (FJKM), Eglise protestante calviniste à Madagascar, adopte la digitalisation.[50] La gestion de l'utilisation des trois langues (français, anglais, malgache) peut s'effectuer à travers une plateforme numérique technologique. Cet outil valorisera le statut du malgache dans le domaine aéronautique sur le plan mondial.

Depuis les années 2010, le numérique (bases de données, logiciels de formation, traduction automatique, intelligence artificielle linguistique, etc.) est devenu un outil stratégique pour la gestion des langues techniques et scientifiques. Dans le domaine de l'aviation, où la communication doit être rapide, précise et standardisée, les outils numériques peuvent servir de pont entre les langues : anglais, français et malgache. L'adoption du numérique pourrait devenir une solution durable et stratégique au problème linguistique dans le domaine de l'aviation à Madagascar, à condition qu'elle s'accompagne d'une volonté politique, d'une coopération interinstitutionnelle (linguistes, chercheurs universitaires, ingénieurs, experts dans le domaine aéronautique, etc.) et d'un investissement dans la recherche linguistique appliquée.

Sur le plan pratique, la mise en place d'une base de données sur les langues utilisées dans l'aéronautique à Madagascar s'avère nécessaire. Cette initiative pousse les décideurs à se doter des outils numériques pour recenser, valider et diffuser les équivalents malgaches des termes techniques (navigation, mécanique, météorologie, réglementation…). La finalité est de construire un lexique numérique collaboratif consultable par tous les acteurs du secteur. L'utilisation des logiciels de traduction assistés par l'intelligence artificielle (IA) contribue à la traduction des documents techniques en français et en anglais.

En outre, le renforcement de la formation linguistique du personnel dans les écoles aéronautiques est exigé. La réalisation de la formation en ligne et *e-learning* multilingue, à travers des plateformes, réunit des cours en anglais, français et

---

[50] - Discours du Pasteur ANDRIAMAMPIANINA Zaka au Temple FJKM Ambohimalaza Kanana Vaovao, le dimanche 19 octobre 2025.

malgache, est souhaitable pour démocratiser l'accès à la formation aéronautique en malgache. Le numérique contribue également à l'archivage et à la préservation des variantes linguistiques régionales et les traductions proposées pour constituer la mémoire terminologique nationale.

Des engagements et volonté politique sont nécessaires pour disposer des experts pouvant alimenter et valider les bases de données, de mettre en place la connectivité et les infrastructures numériques dans tout Madagascar, d'adapter culturellement la terminologie malgache et de numériser les corpus malgaches dans l'utilisation des outils d'intelligence artificielle. Le numérique pourrait moderniser la malgachisation du vocabulaire technique, renforcer la souveraineté linguistique de la Grande Ile dans le domaine de l'aviation, car il constitue un outil de mise en œuvre de la politique linguistique.

Au mois de novembre 2025, à Antananarivo, l'Institut Français de Madagascar et l'Alliance Française d'Antananarivo organisent l'édition Novembre Numérique 2025 dédiée aux cultures digitales et à la créativité technologique. Dans cette optique, ils offrent une opportunité aux jeunes à travers des tables rondes, des expériences de réalité virtuelle, des ateliers de robotique (Novembre numérique 2025, 2025, p.1).

CONCLUSION GENERALE

À Madagascar, la « guerre des mots » repose sur la concurrence entre deux grandes puissances, le Royaume-Uni et la France sur le plan mondial. Elle puise ses racines dans les premiers contacts entre ces puissances et les autorités politiques de la Grande Ile au début du XIXe siècle et se prolonge jusqu'à nos jours. De même, des chocs de culture se passent également entre le français, l'anglais et le malgache : une rencontre entre deux langues exogènes et une langue endogène. En outre, la langue malgache, dominée par le parler merina est toujours à la recherche de sa propre identité. Des vocabulaires hybrides, des néologismes, et diverses créations linguistiques émergent de la rencontre entre ces langues, une rencontre à la fois conflictuelle et féconde. La colonisation ainsi que les événements mondiaux (guerres mondiales) et nationaux (indépendance, mouvements estudiantins) ont débouché sur une production linguistique originale. Dans la Grande Ile, les trois langues officielles s'efforcent de coexister afin d'évoluer vers une paix des usages fondée sur l'intercompréhension et la fierté identitaire.

Références bibliographiques

De La Landelle, G. (1863), Aviation ou navigation aérienne, 1863, 367 p.

Wallen, A. (1881), " Two years among the Sakalava ", *Antananarivo Annual and Madagascar Magazine*, pp. 1-12

Cousins, W. (1881), "Old Malagasy Books in the British Museum", *The Antananarivo Annual,* pp. 13-18

Julien, G.M. (1891). Voyage de Tananarive à Tamatave (Madagascar). *Bulletin de la Société de Géographie de Toulouse*, 5-6, 177-264.
https://gallica.bnf.fr/ark:/12148/bpt6k5477599x/f46 consulté le 11/03/2025

Jorgensen, S. E. (1896), "The introduction of foreign words into Malagasy", *The Antananarivo Annual*, pp. 25-39

Duschesne, J. (1896). *L'expédition de Madagascar : rapport d'ensemble sur l'expédition de Madagascar fait au ministre de la guerre le 25 avril 1896*. Charles Lavauzelle.

Mourey, C & Brunel, L. (1900). Madagascar et Dépendance. *L'Année coloniale*, 2, 248-277
https://gallica.bnf.fr/ark:/12148/bpt6k5614869q/f253.item.r=voiture consulté le 12/03/2025

Duquénois, L. (1902). *Situation économique de Madagascar en 1901 : industrie, agriculture, richesses minières, travaux publics*. Charleville.

Ferrand G. (1903), *Essai de grammaire malgache*, 263 p.

Anonyme. (1905). Course de Mahamasina. *Journal Officiel de Madagascar et Dépendances*, 997, 12672. https://gallica.bnf.fr/ark:/12148/bpt6k6505601f/f11.item consulté le 23/03/2025

Schmidt, P. W. (1907), « Les peuples Mon-Khmer : trait d'union entre les peuples d'Asie centrale et de l'Austronésie », *Bulletin de l'Ecole française d'Extreme-Orient*, pp. 213-250

Julien, G. (1907), *Précis théorique et pratique de langue malgache pour faciliter l'usage rapide du Hova clef des autres dialectes*, 250 p.

Ferrand G. (1909), *Essai de phonétique comparée du malais et des dialectes malgaches*, 409 p.

Reporter. (1911). Aviation Madagascar : le premier vol de M. Raoult. *Le Progrès de Madagascar. Organe d'Action Républicaine,* 247, 3.

Raoult J. (1911), « Mes vols à Madagascar », *La Vie au Grand Air*, n°677, p. 600

Anonyme. (1913). Nos avions. *Le Progrès de Madagascar. Organe d'Action Républicaine*, 405, 1.
https://gallica.bnf.fr/ark:/12148/bpt6k6117575b/f1.item.zoom consulté le 9/03/2025

Prade, G. (1913). L'aviation à Madagascar. *La Vie au Grand Air*, 748, 47.
https://www.tadio.org/wp-content/uploads/2021/03/1-La_Vie_au_grand_air-page-47-et-48 consulté le 9/03/2025

Renel, C. (1915). *La coutume des ancêtres.* Bibliothèque malgache.

« Le général Gallieni à Madagascar » (1923), *La Tribune de Madagascar et Dépendances*, n° 1631, p. 1

« Un nouveau succès de l'aviation française » (1926), *Madagascar. Industriel, commercial, agricole*, n° 30, p. 2

« Le premier hydravion est arrivé à Majunga » (1926), *Le Tamatave. Journa républicain indépendant*, n°197, p. 2

Bernard, M. (1927), « *Voyage France-Madagascar et retour en hydravion* » Communications et Mémoires, Académie de Marine, Tome VI, 1927, pp. 217-226
https://gallica.bnf.fr/ark:/12148/bd6t53418200/f1.item.r=hydravion%20Madagascar consulté le 7/03/2025

« La belle leçon sportive de l'aviateur Guilbaud » (1927), *Match. Le plus grand hebdomadaire sportif*, n° 20, p. 3

Gasparin, L. (1927). De France à Madagascar : avion ou hydravion ? *L'Air*, 175,10.
https://gallica.bnf.fr/ark:/12148/bpt6k9796557c/ consulté le 2/03/2025

Direction des domaines, de la propriété foncière et du cadastre, Colonie de Madagascar et Dépendances. (1928). *Textes relatifs à l'application du nouveau régime domanial*. Imprimerie nationale.

Rainitovo (1930), *Tantaran'ny Malagasy manontolo*, Tome III, 150 p.

Dorlys, M. (1930). L'oiseau de malheur. *Guignol : cinéma de la jeunesse*, 143, pp. 17-32.
https://gallica.bnf.fr/ark:/12148/bpt6k959934v/f19.item consulté le 20/02/2025

De Busschère, H. (1931). Performances. *Madagascar. Industriel. Commercial. Agricole*, 514, p. 1
https://gallica.bnf.fr/ark:/12148/bpt6k6244377m/f1.item.zoom consulté le 9/03/2025

Journal Officiel de Madagascar et Dépendances (1934), N.S., n° 2518, p. 675

Anonyme (1934). A Ivato. *Le Madécasse*, 1644, 4
https://gallica.bnf.fr/ark:/12148/bpt6k5793126p/f4.item.r=papangue%20avion
consulté le 11/03/2025

Ravelojaona. (1939), «Ry Malagasy havana», *Ny Rariny*, n° 142, p. 1-2

« A propos des origines du zébu malgache ». (1939), *La Tribune de Madagascar et Dépendances*, n° 3710, p. 1

Devaux & Meheust. (1940), *Lectures sur les connaissances usuelles du gouvernement général de Madagascar : textes français*. Imprimerie officielle.

« Madagascar operation ». (1942), *Marlborough Express*, Volume LXXVI, 110, p. 5

« Gallieni ilay sakaiza tia an'i Madagasikara ». (1950), 16 p.

Razafimbahiny J. (1961), « Analyse d'un changement de phase : le cas de Madagascars », *Bulletin de Madagascar*, n° 180, p. 400

« Actualités ». (1961), *Bulletin de Madagascar*, n° 187, pp. 1106-1107

Marcel, J. (1961), « Eritreritra momba ny fitokanana ny provinsa eklesiastika vaovao ao Afrika atsinanana », *Tantara sy Hevitra*, n° 258, pp. 52-57

Lebreton A., (1962), « MADAIR, instrument choisi de la République malgache », *France Aviation*, n° 95, p. 5

Andriamanoro, T. (1970), « Air Madagascar », *France-Aviation*, n° 183, p. 1

Faublée, J., (1970), « Les manuscrits arabico-malgaches du Sud-Est, leur historique », Revue d'histoire d'outre-mer, n° 208, pp. 268-287

Belinko (de) Alexis, (1970), « Madagascar, reine de l'Océan Indien », *France-Aviation*, n° 183, pp. 1; 4

Boiteau, P. (1976), « Actualités du XVIe siècle : 'Les Tragiques', 'L'Heptameron', et le 'Théatre du monde' », La Pensée : revue du rationalisme moderne, n° 188, pp. 117-124

Esoavelomandroso, M. (1979), La province maritime orientale du « Royaume de Madagascar » à la fin du XIXe siècle, FTM. 432 p.

Ayache, S. (1981). Pouvoir central et provinces sous la monarchie merina au XIXe siècle. Publications de la Société française d'Outre-Mer, 5, 836.
https://www.persee.fr/doc/sfhom_1768-7144_1981_mel_5_2_978 consulté le 28/03/2025

Esoavelomandroso, F. V. (1986). La Grande Guerre vue d'outre-mer : patriotisme français et patriotisme malgache. *Revue d'histoire. Outre-mers*, 271, 135.
https://www.persee.fr/doc/outre_0300-9513_1986_num_73_271_2521 consulté le 18/03/2025

Jacob, G. (1987). Gallieni et « l'impôt moralisateur » à Madagascar.
https://www.persee.fr/doc/outre_0300-9513_1987_num_74_277_2617 consulté le 10/03/2025

Rajaspera, R. (1990). Y-a-t-il encore des expressions malgaches intraduisibles en français ? *Les Carnets de l'exotisme*, 2-3, 31-40.
https://gallica.bnf.fr/ark:/12148/bpt6k5323831h/f1.image consulté le 9/03/2025

Dez, J. (1991), « La linguistique malgache : bref aperçu historique », *Histoire Epistémologie Langage*, n° 5, pp. 1-96

Battistini, R. (1995), « La flèche de Sarodrano (côte sud-ouest de Madagascar) », *Norois*, n° 165, 1995, p. 63-71

Crenn, C. (1995). La présence française dans la culture malgache : une situation diversifiée et évolutive. Revue européenne des migrations internationales, 3, 171.

https://www.persee.fr/doc/remi_0765-0752_1995_num_11_3_1483 consulté le 28/03/2025

Valensky, C. (1998). Ellis, Stephen. - *L'insurrection des menalamba, une révolte à Madagascar (1895-1898)*, ASC-Karthala-Ambozontany, Leyde-Paris-Fianarantsoa. 282 https://doi.org/10.4000/etudesafricaines.23

Pernot, F ; Villatoux, M.-C. (2000). L'aéronautique militaire au Maroc avant 1914. *Revue historique des armées*, 218, 91.
https://www.persee.fr/doc/rharm_0035-3299_2000_num_218_1_4907 consulté le 21/03/2025

Versteegh, R. (2001), « Arabic in Madagascar », *Bulletin of the School of Oriental and African Studies*, n° 2, pp. 177-187

Penette J.P., Penette-lohau C. (2005), *Le Livre d'or de l'aviation malgache*, 239 p.

Rabemananoro, E. (2006), *Air Madagascar : 45 ans de passion aux couleurs malgaches*, 186 p.

Koerner, F. (2008). Portrait d'un patriote malgache atypique : Jules Ranaivo (1883-1947). *Revue d'histoire. Outre-Mers*. 358-359, 217-228.
https://www.persee.fr/doc/outre_1631-0438_2008_num_95_358_4326 consulté le 9/03/2025

Nicot-Guillorel, M. (2009), *L'appropriation de l'écrit en contexte scolaire multilingue. La situation de Madagascar. Des résultats des élèves en malgache et en français aux pratiques d'enseignement-apprentissage,* Université Rennes 2, 865 p.

Chauvreau, B. (2010), « De Bernard Chauvreau : un RF.5 dans le ciel de Madagascar », *Pionniers : revue aéronautique des Vieilles Tiges*, pp. 14-18

Andrianasolo, L. (2010)., « La culture Merina, base de la construction d'une culture nationale à travers les chansons diffusées par Radio Madagascar pendant la 1ère République (1960-1972). », *Kabaro, revue internationale des Sciences de l'Homme et des Sociétés*, Construction identitaire et interculturalité dans le monde indo-océanique, V (6-7), pp.373-391

Combeau-Mari, E. & Monnier, J.-E. (2012), « Science et pouvoir colonial : Alfred Grandidier et la colonisation de Madagascar 1865-1896 », *Revue d'histoire d'outre-mer*, 2012, n°s 374-375, pp. 217-232

Rasoloniaina, B. (2012), « Représentations et pratiques du malgache des jeunes de France : le malgache « d'ici » », *Études océan Indien* [En ligne], 48 | 2012, mis en ligne le 30 septembre 2015, consulté le 07 novembre 2025. URL : http://journals.openedition.org/oceanindien/1546 ;
DOI : https://doi.org/10.4000/oceanindien.1546

Rasoloarison, L. (2013). *Madagascar sous la colonisation française de 1896 à 1960.* Editions Jeunes malgaches.

Tirefor, A., (2013). La « pacification » de Madagascar (septembre 1896 – mai 1905). *Images et Mémoire*, 37, 37.
https://www.imagesetmemoires.com/doc/Bulletins/bulletin-37-2013 consulté le 25/03/2025

Fremigacci, J. (2013). Le Code de l'indigénat à Madagascar (1901-1946), *Revue d'histoire. Outre-mers,* 378-379, 251-269.
https://www.persee.fr/doc/outre_1631-0438_2013_num_100_378_5015 consulté le 2/03/2025

Vermeren, P. (2013). Lyautey au Maroc en 1912 : ambitions, jeux de pouvoir parisiens, environnement politique et enjeux politiques. *Publications de la Société française d'histoire des outre-mers,* 9, 89.
https://www.persee.fr/doc/sfhom_0000-0003_2013_ant_9_1_1121#sfhom_0000-0003_2013_ant_9_1_T1_0087_0000 consulté le 24/03/2025

Sanchez, S. (2015), « État marchand et État agraire dans l'océan Indien occidental : le sultanat de Zanzibar et le royaume de Madagascar (1817-1874) », *Cahiers d'histoire. Revue d'histoire critique*, n° 128, p. 37-57 https://doi.org/10.4000/chrhc.4535 consulté le 22/10/2025

Ravalitera, P. (2018). Premier atterrissage d'un hydravion à Madagascar.
https://lexpress.mg/07/12/2018/premier-amerrissage-dun-hydravion-a-tana-en-1926/ consulté le 23/03/2025

Ravelomanana, J. (2018). Les animaux dans le mythe d'Ibonia. Les expressions d'un idéal masculin, *Revue historique de l'océan Indien*, 15, 315-324.
https://hal.univ-reunion.fr/hal-03249793 consulté le 2/03/2025

L'Hôte, P., (2019), « Madagascar et la Francophonie : Un pas de deux mouvementé », *Revue internationale des francophonies* [En ligne], 6 | mis en ligne le 12 décembre 2019, consulté le 04 novembre 2025. URL: https://publications-prairial.fr/rif/index.php?id=956

Ravalitera, P., « Radama et l'amour de sa vie », (2020), *L'Express de Madagascar*, p.1 https://lexpress.mg/03/03/2020/radama-et-lamour-de-sa-vie/ consulté le 03/11/2025

Andriamihaja, N. V. (2022), « Sombin-tantaran'Andriamahazonoro», Lundi 22 novembre 2022, *L'Express de Madagascar*, https://lexpress.mg/21/11/2022/sombin-tantaran-andriamahazonoro-1773-1828/ consulté le 17/10/2025

Andriamihaja, N. V. (2023), « Siméon Rajaona : le paradigme de la « voie moyenne », *Revue Politikà*, p. 44

RANDRIAMPANALA Rivo, administrateur civil, interview, 14 décembre 2023 Bibliothèque nationale Anosy ; Il effectue des travaux sur les distinctions honorifiques civiles et militaires à Madagascar.

13 mai 1972 : le jour où Madagascar a acquis son deuxième indépendance https://www.slate.fr/story/227698/13-mai-1972-madagascar-independance-malgachisation-etudiants-insurrection consulté le 15/10/2025

ENEAM : cinquante ans de formation aéronautique et météorologique https://www.moov.mg/article/106470-eneam-50-ans-de-formation-aeronautique-et-meteorologique consulté le 15/10/2025

Leclerc, J. Histoire de la langue française, https://www.axl.cefan.ulaval.ca/francophonie/histlngfrn.htm consulté le 21/10/2025

Andria Hanitra : Pilote de ligne : les coulisses du métier dévoilées dans un livre autobiographique 27 mai 2022 (Interview du pilote Harry Rakotomanga) https://midi-madagasikara.mg/pilote-de-ligne-les-coulisses-du-metier-devoilees-dans-un-livre-autobiographique consulté le 24/10/2025

Entretien avec l'élève-pilote RAKOTOMALALA Fandresena de l'époque, le 24 octobre 2025, Antananarivo

« La compagnie fête ses 45 années d'activités », 11 janvier 2007, https://lexpress.mu/s/article/la-compagnie-f%C3%AAte-ses-45-ann%C3%A9es-dactivit%C3%A9s consulté le 30/10/2025

Mikoyan-Gourevitch MiG-17 » : historique des versions https://fr.wikipedia.org/w/index.php?title=Mikoyan-Gourevitch%20MiG-17&action=history consulté le 01/11/2025

Novembre numérique 2025, https://www.lexpress.mg/2025/11/novembre-numerique-2025-la-creativite.html consulté le 5 novembre 2025

Loi n° 90-028 N° J.O: 2036 Date J.O: 24 Décembre 1990 Page J.O: 2504 https://cnlegis.gov.mg/ consulté le 5 novembre 2025

Ce que vous ne savez pas sur le mode avion de votre téléphone https://pro.orange.fr/lemag/ce-que-vous-ne-savez-pas-sur-le-mode-avion-de-votre-telephone consulté le 6 novembre 2025

Rajaonah, F. & Théodat, J. M. (2023), « Madagascar : la construction d'une nation insulaire dans l'océan indien », *EchoGéo* [En ligne], 66 | 2023, mis en ligne le 31 décembre 2023, consulté le 19 septembre 2025. URL : http://journals.openedition.org/echogeo/26217 ; DOI : https://doi.org/10.4000/echogeo.26217

Dictionnaire en ligne malgache. (2025) https://motmalgache.org/

Prime Magazine https://primemedia.international/index-eng.html#online consulté le 25/10/2025

****

www.ingramcontent.com/pod-product-compliance
Lightning Source LLC
Chambersburg PA
CBHW051528230426
43668CB00012B/1775